职业教育土建类专业顶岗实习规划推荐教材

学生顶岗实习手册
（土建类）

李锦毅　董学军　主　编
胡敬惠　高晓旋　副主编
罗　辉　陈志会　主　审

中国建筑工业出版社

图书在版编目（CIP）数据

学生顶岗实习手册（土建类）/李锦毅，董学军主编. —北京：
中国建筑工业出版社，2018.6
职业教育土建类专业顶岗实习规划推荐教材
ISBN 978-7-112-22154-7

Ⅰ.①学… Ⅱ.①李… ②董… Ⅲ.①土木工程-实习-职业
教育-教学参考资料 Ⅳ.①TU-45

中国版本图书馆 CIP 数据核字（2018）第 089527 号

　　本教材是职业教育土建类专业顶岗实习类教材，根据土建类专业学生经常实习的岗位类别进行编写。主要包括：建筑工程施工方向、建筑工程造价方向（施工单位）、建筑工程造价方向（造价咨询公司）、建筑工程造价方向（房地产公司）、建筑工程监理方向、建筑工程资料整理方向、建筑工程测量方向及实习效果评价体系。每一个方向均包含常见工作流程图和工作记录表，内容设置和考核项目经过院校教师和企业专家多次审议确定。

　　本教材可作为高职、中职土建类专业学生定岗实习专用教材，也可作为院校教师和建筑类相关企业的参考用书。

责任编辑：张　晶　吴越恺
责任校对：李欣慰

职业教育土建类专业顶岗实习规划推荐教材

学生顶岗实习手册（土建类）

李锦毅　董学军　主　编
胡敬惠　高晓旋　副主编
罗　辉　陈志会　主　审

*

中国建筑工业出版社出版、发行（北京海淀三里河路9号）
各地新华书店、建筑书店经销
北京科地亚盟排版公司制版
北京富生印刷厂印刷

*

开本：787×1092毫米　1/16　印张：9　插页：2　字数：220千字
2018年6月第一版　　2018年6月第一次印刷
定价：**25.00**元
ISBN 978-7-112-22154-7
（32048）

前　言

顶岗实习是职业院校人才培养模式的重要组成部分，是专业教学工作中综合性最强的实践性教学环节，也是专业教学的重要形式，是培养学生良好的职业道德，强化学生职业技能，提高学生核心素质和综合职业能力的重要环节。从国家层面上，为贯彻落实全国职业教育工作会议精神，规范职业学校学生实习工作，维护学生、学校和实习单位的合法权益，提高技术技能人才培养质量，教育部等五部门于 2016 年联合印发了关于《职业学校学生实习管理规定》的通知。文件重点从制度层面对职业学校学生实习管理加以引导和规范，回应社会关切，维护学生、学校和实习单位的合法权益。随后，教育部办公厅又印发了"关于公布首批《职业学校专业（类）顶岗实习标准》目录的通知"（教职成厅函〔2016〕29 号，以下简称《标准》），公布了涉及 30 个专业（类）的 70 个顶岗实习标准，可见对学生顶岗实习的重视已经提升到了国家层面。

但是，目前职业学校对顶岗实习学生的教学管理，存在着实习组织不够规范、实践教学有效性不强、合作企业教学主体地位体现不够、顶岗实习岗位与所学专业契合度不高等问题，直接影响了人才培养质量的提高。加之土建类专业工作特点决定了学生不可能集中在某一个企业或县市实习，实习地点分散。受到办学经费等各种制约因素的限制，教师不可能对学生进行经常性地现场指导，基本处于松散组织状态。所以急需一本克服上述困难的土建类学生顶岗实习教材，指导学生顶岗实习的全过程，填补学生顶岗实习没有教材的空白。

本书是在教育部五部委颁发的《职业学校学生实习管理规定》、教育部办公厅印发的"关于公布首批《职业学校专业（类）顶岗实习标准"基础上编写的。它具有以下几个显著特点：

1. 编写方法创新、综合性强。本书是在李锦毅、董学军、胡敬惠、高晓旋课题组深入研究一年的基础上编写的，经过深度企业调研，确定土建类学生可能的就业岗位，不同的岗位提炼不同的工作任务，按照应完成工作任务的前后顺序编写，最后以岗位工作任务说明书的形式呈现。涵盖了土建类学生可能就业的 7 个方向，完全实现了按照完成整个工作过程前后顺序编写的高度综合性。

2. 实用性强、应用范围广。本教材是在深度企业调研的基础上编写的，编写后经过三轮企业对接，从编写准备直至定稿一直有企业专家参与，保证了按照每个岗位的工作说明书实践就能胜任岗位工作。基于这个特点本书既可以作为学生顶岗实习指导教材，又可以作为初入职场人员的工作指南，还可以作为教师教学的参考用书。

3. 分模块编写，针对性强。本教材编写按照职业院校土建类学生顶岗实习可能的就业岗位，采用模块化编写模式。分为施工方向、施工企业造价方向、房地产公司造价方向、造价咨询公司造价方向、监理方向、资料员方向、测量员方向 7 个模块和 1 个实习效果评价模块。

4. 本教材共分为三大部分：第一部分为土建类学生顶岗实习核心模块包括第 1 至 5 章的内容；第二部分为土建类学生顶岗实习初次就业技能必备模块第 6 章、第 7 章的内容；第三部分为实习考核评价。

河北城乡建设学校高级讲师李锦毅、正高级讲师董学军担任本教材主编，胡敬惠、高晓旋担任副主编，刘大鹏、郭光耀、陈丽茹、张彦、孙翠兰、冯曼参加了本书的编写。中钢石家庄设计研究院有限公司正高级工程师罗辉与河北城乡建设学校高级讲师陈志会担任本书主审。河北国瑞房地产开发有限公司总经理常建军、河北涞泽房地产开发有限公司总经理赵敏、河北双宇造价咨询有限公司总经理刘建爽担任本书三轮企业对接负责人并对本教材提出了很多宝贵意见。

受编写时间和编者水平的限制，加之采用按照完成工作岗位整体工作任务流程编写模式是一种新的尝试，本教材难免有疏漏和不妥之处，敬请广大读者和同行批评指正。

编者

2018 年 1 月

目　录

建筑工程施工方向顶岗实习模块

　　建筑工程施工方向顶岗实习模块包括两部分内容：建筑工程施工方向的工作流程图和顶岗实习工作过程。学生在该方向顶岗实习时，可先参照建筑工程施工工作流程图熟悉整个工作过程，再根据工作过程表左侧内容找到自己目前所处的工作阶段，确定本阶段应该完成的工作。学生在表格右侧如实填写完成的工作（内容较多及需详细展开的工作，可在补充工作表中填写），作为实习记录和以后教师考核学生实习效果的依据。

1.1 建筑工程施工方向工作流程图

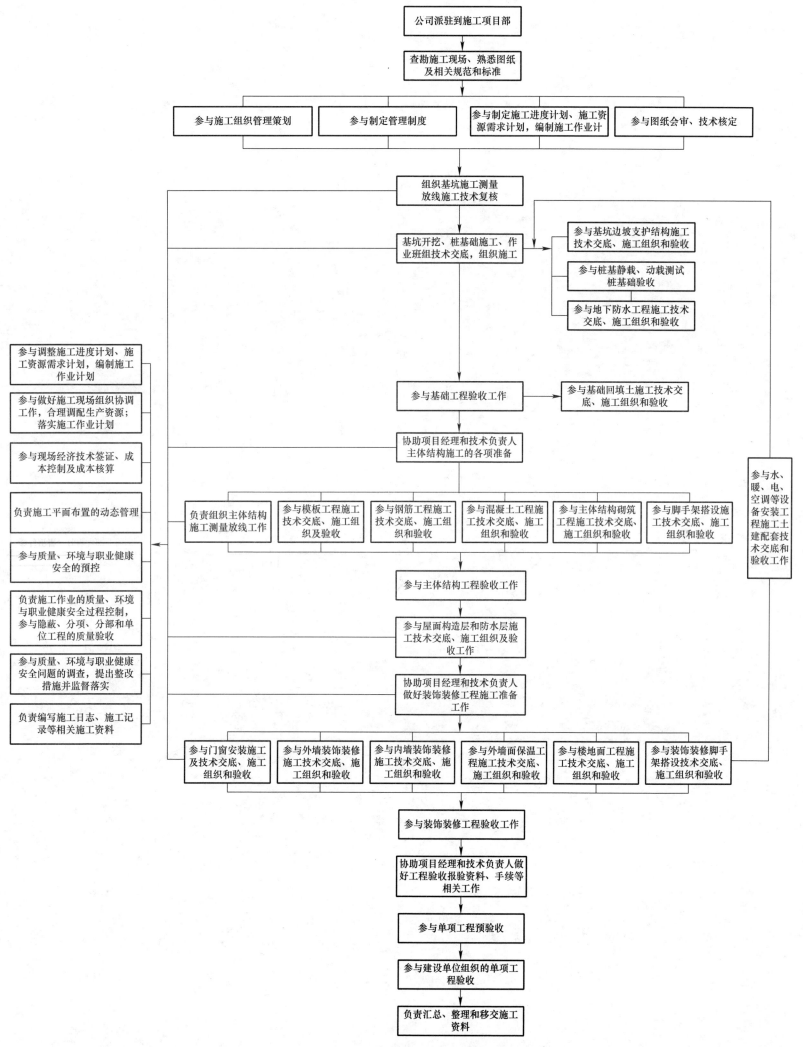

图 1-1 建筑工程施工方向工作流程图

1.2 建筑工程施工方向顶岗实习工作过程

1.2.1 顶岗实习情况简介及工作过程目录（表 1-1）

表 1-1

建筑工程施工方向顶岗实习情况简介
施工方向顶岗实习   项目名称：＿＿＿＿＿＿＿＿＿＿＿ 项目地点：＿＿＿＿＿＿＿＿＿＿＿ 实习时间：＿＿＿＿＿＿＿＿＿＿＿ 实 习 人：＿＿＿＿＿＿＿＿＿＿＿ 班　　级：＿＿＿＿＿＿＿＿＿＿＿ 校内指导教师：＿＿＿＿＿＿＿＿＿＿＿ 企业导师：＿＿＿＿＿＿＿＿＿＿＿
建筑工程施工方向工作过程目录
阶段一　地基与基础分部工程施工（土方、边坡、基坑支护） 阶段二　地基与基础分部工程施工（地基、基础） 阶段三　地基与基础分部工程施工（子分部地下防水工程） 阶段四　主体结构砌体分部工程施工 阶段五　主体结构钢筋混凝土分部工程施工 阶段六　装饰装修分部工程施工 阶段七　屋面分部工程施工

1.2.2 建筑工程施工方向工作过程表

阶段一 地基与基础分部工程施工（土方、边坡、基坑支护）工作表 表 1-2

开始日期： 结束日期：

应完成工作内容	实际完成工作内容
（1）熟悉、审查施工图纸和有关的设计资料 1）检查图纸和资料是否齐全，核对平面尺寸和坑底标高，熟悉土层地质、水文勘察资料；审查地基处理和基础设计。 2）会审图纸，搞清地下构筑物、基础平面与周围地下设施管线的关系；研究开挖程序，明确各专业工序间的配合关系。 3）确定施工工期要求；并向参加施工人员进行技术交底	
（2）查勘施工现场 摸清工程场地情况，收集施工需要的各项资料。 （3）编制施工方案 1）研究制定现场场地平整、基坑开挖施工方案；绘制施工总平面布置图和基坑土方开挖图。 2）确定开挖路线、顺序、范围、底板标高、边坡坡度、排水沟、集水井位置以及挖土方堆放地点。 3）准备施工机具	
（4）平整施工场地 按设计或施工要求范围和标高平整场地。 （5）清除现场障碍物 （6）作好排水降水设施 在施工区域内设置临时性或永久性排水沟	

应完成工作内容	实际完成工作内容
（7）设置测量控制网 根据给定的国家永久性控制坐标和水准点，按建筑物总平面要求，引测到现场。对建筑物应做定位轴线的控制测量和校核；进行土方工程的测量定位放线，设置龙门板、放出基坑（槽）挖土灰线、上部边线和底部边线和水准标志	
（8）土方开挖 1）土方工程施工过程包括：土的开挖、运输、填筑、平整与压实及场地清理、测量放线、施工排水、降水，边坡支护等辅助工作。 2）计算土方量。 3）进行基槽（坑）开挖标高控制测量	
（9）基坑支护（基坑支护的结构类型） 1）支挡式结构的形式有锚拉式结构、支撑式结构、悬臂式结构、排桩（主要是钢筋混凝土排桩）。 2）土钉墙。 3）放坡。 4）按照土钉墙的施工过程施工。 基坑开挖与修坡→定位放线→钻孔→安设土钉→注浆→铺钢筋网→喷射面层混凝土→土钉现场测试→施工检测	
（10）钎探与验槽 基槽（坑）挖至基底设计标高后，通过钎探和验槽，对地基应进行严格的检查，防止基础的不均匀沉降。 （11）土方回填（主体完工后回填）。 （12）土方工程质量验收。 （13）对土方工程采取安全技术措施	

阶段一　地基与基础分部工程施工（土方、边坡、基坑支护）补充工作表　表 1-3

开始日期：	结束日期：
实际完成工作内容	

阶段二　地基与基础分部工程施工（地基、基础）工作表　　　　　表 1-4

开始日期：	结束日期：
应完成工作内容	实际完成工作内容
（1）搜集详细的工程质量、水文地质及地基基础的设计资料。 （2）根据结构类型、荷载大小及使用要求，结合地形地貌、土层结构、土质条件、地下水特征、周围环境和相邻建筑物等因素，初步选定几种可供考虑的地基处理方案	
（3）选择人工地基处理的方法：换填垫层、压实地基、夯实地基、水泥粉煤灰碎石桩复合地基（CFG 桩）、夯实水泥土桩复合地基、旋喷桩复合地基和土桩、灰土桩复合地基的施工工艺。 1）CFG 桩的施工工艺过程：桩位放线→桩机就位→调整桩机垂直度→确定钻进深度标识→润湿泵管→成孔至设计标高→泵送 CFG 桩混合料至设计标高→清理桩间土→凿桩头→桩身质量检验→铺设褥垫层。 2）夯实水泥土桩复合地基施工流程如下： 测放桩位→钻机就位→钻进成孔→至预定深度→验孔→合格→把拌好的水泥土分层回填、分层压实至成桩	

应完成工作内容	实际完成工作内容
（4）基础施工工艺过程 1）钢筋混凝土柱下独立基础：验槽合格→施工准备（降低地下水位等）→混凝土垫层施工→抄平放线→绑钢筋→支基础模板→浇筑、振捣、养护混凝土→拆除模板→清理。 2）桩基础 灌注桩施工工艺：测定桩位→桩机就位→钻孔→清孔→制作、安放钢筋笼→检查成孔质量→合格后灌注混凝土	

阶段二　地基与基础分部工程施工（地基、基础）补充工作表　　　　表 1-5

开始日期：	结束日期：
实际完成工作内容	

阶段三　地基与基础分部工程施工（子分部地下防水工程）工作表　　　表 1-6

开始日期：　　　　　　　　　　　　　　结束日期：

应完成工作内容	实际完成工作内容
（1）看施工图设计说明，找出地下防水工程的防水等级。 （2）确定地下主体结构防水混凝土的施工方法，做防水混凝土抗渗试块、抗压试块。 （3）根据不同防水方法选择施工过程	
（4）确定防水混凝土施工缝留设的位置和施工缝处理的方法。 （5）编写后浇带的施工技术交底	
（6）对地下工程防水卷材进场抽样复验。 （7）地下工程卷材防水层的施工方法：冷粘法、热熔法、自粘法。 （8）指导地下工程铺贴卷材防水层的铺贴方法和铺贴顺序及质量检查。 （9）整理地下防水施工的验收资料。 （10）细部构造防水 主要包括：施工缝、变形缝、后浇带等细部防水构造做法并进行质量验收	

阶段三　地基与基础分部工程施工（子分部地下防水工程）补充工作表　　表 1-7

开始日期：	结束日期：
实际完成工作内容	

阶段四　主体结构砌体分部工程施工工作表　　　　　　　　　　表 1-8

开始日期：　　　　　　　　　　　　结束日期：

应完成工作内容	实际完成工作内容
（1）通过识读施工图纸，确定砌体结构的材料。 （2）编制砖砌体的施工方案	
（3）读图确定所用砖和砌筑砂浆材料的要求，做砌体砂浆试块，确定组砌方式、组砌方法。 （4）进行楼层轴线和标高的引测。弹测 50cm 或 1m 的标高线。 （5）按砖砌体的施工工艺砌筑。 （6）进行砖砌体的质量验收	
（7）确定砌块砌体的组砌形式。 （8）按照施工工艺流程砌筑填充墙。 （9）对填充墙砌体的施工质量进行验收	
（10）根据施工图编制脚手架工程专项施工方案。 （11）根据脚手架工程搭设要求，验收脚手架搭设的质量	

阶段四 主体结构砌体分部工程施工补充工作表 表 1-9

开始日期：	结束日期：
实际完成工作内容	

阶段五　主体结构钢筋混凝土分部工程施工工作表　　　　表 1-10

开始日期：　　　　　　　　　　结束日期：	
应完成工作内容	实际完成工作内容
（1）模板工程 识读图纸，确定模板所用材料的种类，各构件模板的配板安装图。 1）编制模板工程专项施工方案，模板安装前，制定合理可行的模板支顶体系，缩短模板安装时间。 2）放模板就位线，并进行复核；对模板安装前的钢筋进行隐蔽工程验收，及专业管线布置的检查。 3）模板安装完成，组织模板工程预检，检查模板的尺寸、标高、垂直度；模板的起拱高度及模板的支撑系统强度、刚度、稳定性。 4）确定模板拆除的方案，模板拆除顺序及要求	
（2）钢筋工程 1）通过识读结构施工图，确定结构的柱距、柱网尺寸；柱和梁的断面、高度和跨度；围护墙体和柱轴线之间的尺寸关系；板的厚度和结构标高等。 2）使用 16G101-1 图集配合识读梁板柱、墙配筋图。 3）使用钢筋材料的检验方法，对钢筋进场材料做好相关记录。 4）根据钢筋连接的方法，进行焊接连接和机械连接接头的现场取样，对连接接头进行质量验收	

应完成工作内容	实际完成工作内容
5）按照一般的钢筋工程的施工过程，进行如下工作： ① 计算钢筋下料长度及根数； ② 查表确定混凝土保护层厚度； ③ 查表确定抗震锚固长度； ④ 汇编钢筋配料单。 6）如需钢筋代换，计算代换钢筋，及时进行洽商变更和签证。 7）检查钢筋绑扎的顺序及绑扎质量。 8）组织班组认真进行自检，互检和交接检，进行钢筋的隐蔽工程验收，填写隐蔽工程验收记录单	
（3）混凝土工程 1）检验混凝土各种材料。 2）确定混凝土运输的方式。 3）做混凝土坍落度试验，制作混凝土试块。 4）熟悉浇筑混凝土的相关施工规范要求。 5）熟悉施工规范要求之施工缝的处理。 6）编制钢筋混凝土框架结构的浇筑方案。 7）编制大体积混凝土的施工方案。 8）对现浇结构的外观质量缺陷进行检查。 9）对有质量缺陷的混凝土进行修整	

阶段五　主体结构钢筋混凝土分部工程施工补充工作表　　　　表 1-11

开始日期：	结束日期：
实际完成工作内容	

阶段六 装饰装修分部工程施工工作表   表 1-12

开始日期：	结束日期：
应完成工作内容	实际完成工作内容
（1）识读装饰施工图，确定工程做法。 （2）按照建筑装饰装修分部工程包括内容施工：建筑地面、抹灰、外墙（地下）防水、门窗、吊顶、轻质隔墙、保温饰面板、保温饰面砖、幕墙、涂饰以及细部工程等分部工程	
（3）抹灰工程 包括：一般抹灰、保温层薄抹灰、装饰抹灰、清水砌体勾缝四个分项工程。 1）了解抹灰工程的施工图设计说明及其他设计文件；材料的产品合格证书性能检测报告、进场验收记录和复验报告；隐蔽工程验收记录和施工记录。 2）抹灰总厚度大于或等于 35mm 时的加强措施；不同材料基体交接处的加强措施。 3）按照外墙一般抹灰施工工艺及施工方法，编制施工技术交底。 4）一般抹灰工程的质量验收	
（4）门窗工程 1）看门窗工程的施工图、设计说明及其他设计文件。 2）确定门窗的种类。 3）对门窗材料的产品合格证书、性能检测报告、进场验收记录和复验报告进行检查。 4）按门窗安装方法进行门窗安装	

应完成工作内容	实际完成工作内容
（5）建筑地面工程施工 1）根据施工图确定地面面层的做法。 2）建筑地面工程采用的材料或产品应符合设计要求。 3）材料进场检测，特别注意室内环境污染控制和放射性、有害物质限量的规定。 4）按照地砖面层的施工工艺流程及施工的方进行法建筑地面的施工。 5）建筑地面工程施工质量的检验	
（6）饰面砖和饰面板工程施工（区分室内外） 1）掌握大理石饰面板干挂法施工工艺及施工方法。 2）饰面板安装施工质量验收。 3）掌握釉面瓷砖（内墙面砖）施工工艺及施工方法。 4）饰面砖粘贴的允许偏差的检验	
（7）分析装饰装修工程施工中可能出现或已经出现的质量问题和技术问题，并能制定预防措施，提出改进措施及补救方法	

阶段六　装饰装修分部工程施工补充工作表　　　　　　　　　　　表 1-13

开始日期：	结束日期：
实际完成工作内容	

阶段七　屋面分部工程施工工作表　　　　　　　　　　　　　　　**表 1-14**

开始日期：　　　　　　　　　　结束日期：	
应完成工作内容	实际完成工作内容
（1）通过识读屋面工程平面图，确定屋面工程做法、屋面防水等级及设防要求。 （2）编制屋面工程施工方案	
（3）屋面分部工程包括基层与保护工程、保温与隔热工程、防水与密封工程、瓦面与板面工程、细部构造工程5个子分部工程。 1）基层与保护工程 ① 按照找平层的施工工艺流程及施工方法进行施工，验收找平层的质量。 ② 隔汽层设置在结构层与保温层之间；隔汽层选用气密性、水密性好的材料。 ③ 隔离层采用干铺塑料薄、土工布、铺抹低强度等级的砂浆。 ④ 确定防水层上的保护层种类，按照施工要求进行施工。 2）保温与隔热层 ① 确定保温层的种类及材料检验方法。 ② 按照保温层的施工过程及施工方法的要求进行施工。 ③ 对保温层的质量进行验收	

应完成工作内容	实际完成工作内容
3）防水与密封工程 ① 确定防水层的种类，进场防水材料的抽样检验，确定检验批的数量。 ② 卷材防水层的施工要求：根据屋面排水坡度，确定卷材防水层铺贴顺序和方向；进行卷材位置的放线，卷材搭接缝的规定；屋面卷材施工的方法。 ③ 热熔法、冷粘法的施工工艺流程及每道工序的质量检查。 4）涂膜防水屋面的构造及施工过程，质量验收的方法。 5）屋面细部构造及细部构造的节点施工要求，检查节点的质量。 6）整理屋面验收的资料	
企业导师签字： 日　　　期：	学校指导教师签字： 日　　　期：
成　　绩	

阶段七 屋面分部工程施工补充工作表 表 1-15

开始日期：	结束日期：

实际完成工作内容

企业导师签字：	学校指导教师签字：
日　　　　期：	日　　　　期：
成　绩	

2

建筑工程造价方向（施工单位）顶岗实习模块

　　建筑工程造价方向（施工单位）顶岗实习模块包括两部分内容：建筑工程造价方向（施工单位）的工作流程图和顶岗实习工作过程。学生在该方向顶岗实习时，可先参照建筑工程造价方向施工单位工作流程图熟悉整个工作过程，再根据工作过程表左侧内容找到自己目前所处的工作阶段，确定本阶段应该完成的工作。学生在表格右侧如实填写完成的工作（内容较多及需详细展开的工作，可在补充工作表中填写），作为实习记录和以后教师考核学生实习效果的依据。

2.1 建筑工程造价方向（施工单位）工作流程图

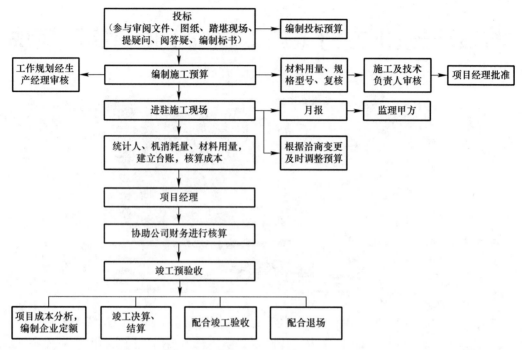

图 2-1 建筑工程造价方向（施工单位）工作流程图（一）

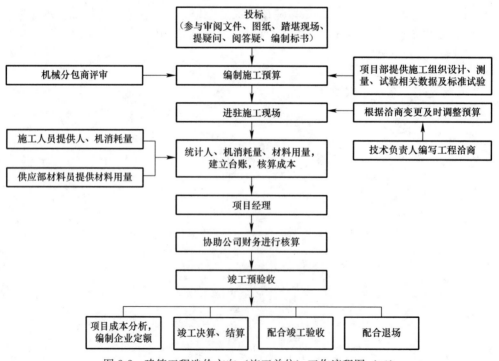

图 2-2 建筑工程造价方向（施工单位）工作流程图（二）

2.2　建筑工程造价方向（施工单位）顶岗实习工作过程

2.2.1　顶岗实习情况简介及工作过程目录（表2-1）

表 2-1

建筑工程造价方向（施工单位）顶岗实习情况简介
建筑工程造价方向顶岗实习 项目名称：_____ 项目地点：_____ 实习时间：_____ 实 习 人：_____ 班　　级：_____ 校内指导教师：_____ 企业导师：_____
建筑工程施工方向（施工单位）工作过程目录
阶段一　投标阶段 阶段二　施工阶段 阶段三　竣工结算阶段 阶段四　项目分析及内部结算阶段

2.2.2 建筑工程造价方向（施工单位）工作过程表

阶段一　投标阶段工作表　　　　　　　　　　　表 2-2

开始日期：　　　　　　　　　　结束日期：

应完成工作内容	实际完成工作内容
（1）拿图纸和相关文件到现场进行实地考察、踏勘。 （2）与相关部门（如技术）就施工组织设计情况进行沟通，主要沟通内容有： 1）模板材质：钢模板、木模板或竹胶合板、复合木模板等，模板材料不同，造价有影响。 2）施工需要塔吊、电梯的型号、数量等布置方案。 3）对拉螺栓的直径、间距、马凳筋布设等。 4）外墙保温、超高支模等特殊工艺或新工艺新做法	
（3）根据招标清单、图纸、招标文件、施工组织设计、现行计价依据、企业定额等进行组价（如有必要需根据图纸计算工程量）。 组价需要注意事项： 1）暂定价材料种类、价格，组价时不能调整，要严格按给定价格进行组价。 2）其他项目措施清单：如暂列金额不能调整，严格按给定价格计入工程造价。 3）安全文明施工费、规费、税金等属于不可竞争费用，组价时不能让利。 4）新材料的价格计入等。 （4）根据市场价格调整人、材、机价格，初步形成投标报价，并与最高限价进行比较。 （5）进行企业成本分析，报价分析。 （6）经过分析研究最终确定投标报价	

应完成工作内容	实际完成工作内容
（7）整理形成投标文件。投标文件商务标部分，要根据招标文件中表格要求整理。如：招标文件中是否要求提供综合单价分析表、主要材料价格表等（说明投标价是否含税）	

阶段一　投标阶段补充工作表　　　　　　　　　　表 2-3

开始日期：　　　　　　　　　　　结束日期：

实际完成工作内容

阶段二　施工阶段工作表　　　　　　　　　　　　　　　表 2-4

开始日期：　　　　　　　　　　结束日期：

应完成工作内容	实际完成工作内容
（1）收集资料：招标文件（包含答疑文件、施工前图纸变更等）、投标文件、施工合同、图纸、计价依据等	
（2）熟悉图纸，收集投标阶段发现的图纸问题。 （3）参加图纸会审。 （4）编制施工预算对中标预算进行分析	
（5）利用算量软件计算工程量 对投标阶段做的钢筋、图形文件进行核对，并对施工过程中出现的图纸变更等及时对预算工程量进行修订	

应完成工作内容	实际完成工作内容
（6）出具总材料计划，作为现场材料人员进料依据。 （7）每月根据合同、投标文件、每月实际完成进度，计算完工工程量。向监理、建设单位进行报量并核对，作为每月支付工程款的依据（如有甲供材，需要扣除）。 （8）根据每月实际完成进度，向公司内部进行报量（如有甲供材，需要扣除）。 （9）根据每月实际完成项目工程量，计算预算人工、材料、机械等量和价格作为收入与项目财务、材料等相关部门统计本月实际支出人工、材料、机械情况进行比较分析。进行盈亏分析，查漏补缺，加强项目管理（如有甲供材，需要扣除）	
（10）协助施工部门进行劳务方等任务单结算（包括人工费、包工包料项目等）。 （11）协助技术部门完成图纸变更、现场签证、工程洽商（造价员主要参与分析造价指标）等。 （12）协助有关人员完成暂定价材料认价工作。 （13）留存关键部位尤其隐蔽工程影像资料，以备结算时使用	

阶段二　施工阶段补充工作表　　　　　　　　　　表 2-5

开始日期：	结束日期：
实际完成工作内容	

阶段三　竣工结算阶段工作表　　　　　　　　　表 2-6

开始日期：　　　　　　　　　　　　　　结束日期：

应完成工作内容	实际完成工作内容
（1）收集资料 招标文件、投标文件、施工合同、图纸变更、图纸会审、工程洽商、现场签证、认价单等与工程造价有关的文件	
（2）根据施工合同相关条款编制工程结算书。 （3）经复核无误盖章后，给建设单位报送结算书及结算资料	
（4）与建设单位或其委托单位核对结算书	
（5）根据核对结果，整理出工程造价，并与有关人员沟通，无异议后在建设单位或其委托部门认可后签字盖章，工程结算书生效	

阶段三　竣工结算阶段补充工作表　　　　　　　　　　　　表 2-7

开始日期：	结束日期：
实际完成工作内容	

阶段四 项目分析及内部结算阶段工作表 表 2-8

开始日期： 结束日期：

应完成工作内容	实际完成工作内容
（1）成本分析。 （2）内部结算	
企业导师签字： 日　　　期：	学校指导教师签字： 日　　　期：
成　绩	

阶段四　项目分析及内部结算阶段补充工作表　　　　表 2-9

开始日期：	结束日期：
实际完成工作内容	

企业导师签字：	学校指导教师签字：
日　　　　期：	日　　　　期：
成　绩	

3

建筑工程造价方向（造价咨询公司）
顶岗实习模块

　　建筑工程造价方向（造价咨询公司）顶岗实习模块包括两部分内容：建筑工程造价方向（造价咨询公司）的工作流程图和顶岗实习工作过程。学生在该方向顶岗实习时，可先参照建筑工程造价方向造价咨询公司工作流程图熟悉整个工作过程，再根据工作过程表左侧内容找到自己目前所处的工作阶段，确定本阶段应该完成的工作。学生在表格右侧如实填写完成的工作（内容较多及需详细展开的工作，可在补充工作表中填写），作为实习记录和以后教师考核学生实习效果的依据。

3.1 建筑工程造价方向（造价咨询公司）工作流程图

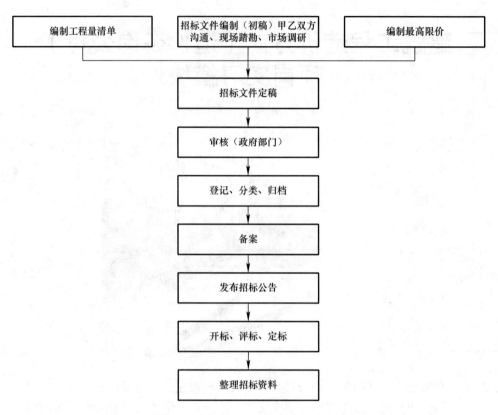

图 3-1 建筑工程造价方向（造价咨询公司）工作流程图

3.2 建筑工程造价方向（造价咨询公司）顶岗实习工作过程

3.2.1 顶岗实习情况简介及工作过程目录（表 3-1）

表 3-1

建筑工程造价方向（造价咨询公司）顶岗实习情况简介
建筑工程造价方向（造价咨询公司）顶岗实习   项目名称：＿＿＿＿＿＿＿＿＿＿＿＿ 项目地点：＿＿＿＿＿＿＿＿＿＿＿＿ 实习时间：＿＿＿＿＿＿＿＿＿＿＿＿ 实　习　人：＿＿＿＿＿＿＿＿＿＿＿＿ 班　　　级：＿＿＿＿＿＿＿＿＿＿＿＿ 校内指导教师：＿＿＿＿＿＿＿＿＿＿＿＿ 企业导师：＿＿＿＿＿＿＿＿＿＿＿＿
建筑工程造价方向（造价咨询公司）工作过程目录
阶段一　招标文件编制阶段 阶段二　最高限价（招标控制价）编制阶段 阶段三　跟踪审计阶段 阶段四　项目竣工结（决）算阶段

3.2.2　建筑工程造价方向（造价咨询公司）工作过程表

阶段一　招标文件编制阶段工作表　　　　　　　　　　　　**表 3-2**

开始日期：　　　　　　　　　　　　结束日期：

应完成工作内容	实际完成工作内容
（1）收集相关资料，熟悉编制依据。 （2）策划建设项目招标方式	
（3）编制招标文件（含评标方法及标准、工程量清单）	
（4）发布招标公告、招标文件（含最高限价清单）。 （5）提供评标用表格和其他资料。 （6）组织开标、评标、定标。 （7）起草评标报告。 （8）整理备案资料	

阶段一　招标文件编制阶段补充工作表　　　　　　　　　　　　　　表 3-3

开始日期：	结束日期：
实际完成工作内容	

阶段二　最高限价（招标控制价）编制阶段工作表　　　　　　　　　表 3-4

开始日期：　　　　　　　　　　　　　　结束日期：

应完成工作内容	实际完成工作内容
（1）收集编制招标控制价需要的资料。包括招标文件、图纸等设计文件、清单计价规范、工程当地现行定额、取费标准、施工方案、现场环境和条件、市场价格信息等	
（2）根据图纸等计算工程量、编制清单。 1）利用广联达、新奔腾等钢筋、图形计量软件计算出工程量。 2）利用广联达、新奔腾等计价软件编制招标清单	

应完成工作内容	实际完成工作内容
（3）根据现行计价文件进行最高限价的编制： 1）根据现行计价文件，套用恰当的定额。 2）确定人工、材料、设备、机械台班的市场价格（可参照当期造价信息或采用市场询价），进行调价。 3）确定工程施工中的措施费用和特殊费用。如工程现场因素、施工技术措施、赶工措施费用以及其他特殊费用	
（4）清单核对。 （5）清单整理，形成最高限价文件。 （6）向造价部门备案。 （7）提供招标所需的各种表格及文件。 （8）参与投标答疑。 （9）整理留存资料	

阶段二　最高限价（招标控制价）编制阶段补充工作表　　　　　　表 3-5

开始日期：	结束日期：
实际完成工作内容	

阶段三　跟踪审计阶段工作表　　　　　　　　　　　　　　表 3-6

开始日期：　　　　　　　　　　　　结束日期：

应完成工作内容	实际完成工作内容
（1）收集和熟悉资料（主要包括招标文件、补充答疑文件、中标方投标文件、工程量清单最高限价等资料）。 （2）参与建设单位与施工单位合同谈判与签订 1）工程造价的计价模式； 2）合同计价的相关定额、标准、工程进度款的结算与支付方式； 3）工程量误差的结算与支付方式； 4）工程变更、签证结算与支付方式等	
（3）分包工程时编制工程量清单、标底，为分包工程合同价款的确定提供依据，协助业主对分包工程的确定提供依据。 （4）工程建设过程中设计、一般性变更经济方面的审核： 1）对变更项目进行经济性审查； 2）对变更文字进行推敲，避免工程结算时有歧义，避免专业陷阱； 3）变更对整体资金的变化影响等。 （5）工程洽商和现场签证 同监理和建设单位共同完成施工过程中签证量的核实，分清费用的合理性与否，及时测算签证所引起的费用变化，使建设单位在项目实施过程中随时预知工程总资金的变化，实现工程造价的动态管理	

应完成工作内容	实际完成工作内容
（6）大宗材料、大型设备、新型材料或新型工艺的价格审核。 主要包括对工程进行中需要确认的材料、设备价格进行市场调查、比对，从而确认出合理的价格，在采购过程中充分发挥资金的作用，以合理的价格购入实用的材料或设备。 （7）审核工程进度款 1）根据工程完成量和合同要求，复核进度款的拨付，控制资金的准确使用。 2）复核甲供材料施工图用量，避免出现工程结算时超付的现象，也避免过紧时影响工程进度	

阶段三　跟踪审计阶段补充工作表　　　　　　　　　　　　　表 3-7

开始日期：	结束日期：
实际完成工作内容	

阶段四　项目竣工结（决）算阶段工作表　　　　　　　　　　　　表 3-8

应完成工作内容	实际完成工作内容
（1）收集和整理核对相关咨询依据 1）工程招标文件、投标文件、评标报告、中标通知书、合同文件及地质勘探报告。 2）建设单位内部管理制度。 3）施工图、竣工图等设计资料。 4）工程现场施工情况资料。 5）施工组织设计及方案、工程变更及洽商、图纸会审记录、工程索赔审批文件、工程中期（终期）计量及支付资料、承包商施工自检资料、试验资料、质量报验资料、监理抽检资料、监理质量评定资料、业主和监理工程师书面发布的有关文件等。 6）本项目监理工作的相关资料。 7）施工单位申报的资料等。 8）其他相关的咨询服务依据资料	
（2）根据施工单位报送的结算书，进行审核，并与施工方进行核对。 1）编制工程总结算原则和工程总结算报告。 2）完成施工图工程量的计算及审核工作。 3）审核已完工程结算价款。 4）审核甲供材料结算、水电费。 5）估算未完项目的预留费用。 6）协助委托人完成合同及与工程造价有关资料整理归档工作	

应完成工作内容	实际完成工作内容
（3）编制建设工程竣工结算报告 咨询成果文件应符合并达到国家及相关政府主管部门的现行规定与要求。审核后的咨询成果文件由技术总负责人或项目负责人签发，并对其质量负责。 （4）编制建设工程竣工决算报告（财务部分） 项目工程财务决算及后评估报告应按竣工项目实际情况实事求是地进行汇总、分析，确保咨询成果的严肃性、真实性和可靠性	
企业导师签字： 日　　　期：	学校指导教师签字： 日　　　期：
成　绩	

阶段四　项目竣工结（决）算阶段补充工作表

表 3-9

开始日期：			结束日期：
	实际完成工作内容		

企业导师签字：	学校指导教师签字：
日　　　　期：	日　　　　期：
成　绩	

4

建筑工程造价方向（房地产公司）顶岗实习模块

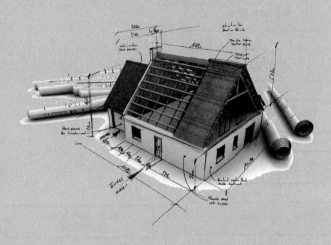

　　建筑工程造价方向（房地产公司）顶岗实习模块包括两部分内容：建筑工程造价方向（房地产公司）的工作流程图和顶岗实习工作过程表。学生在该方向顶岗实习时，可先参照建筑工程造价方向（房地产公司）工作流程图熟悉整个工作过程，再根据工作过程表左侧内容找到自己目前所处的工作阶段，确定本阶段应该完成的工作。学生在表格右侧如实填写完成的工作（内容较多及需详细展开的工作，可在补充工作表中记录），作为实习记录和以后教师考核学生实习效果的依据。

4.1 建筑工程造价方向（房地产公司）工作流程图

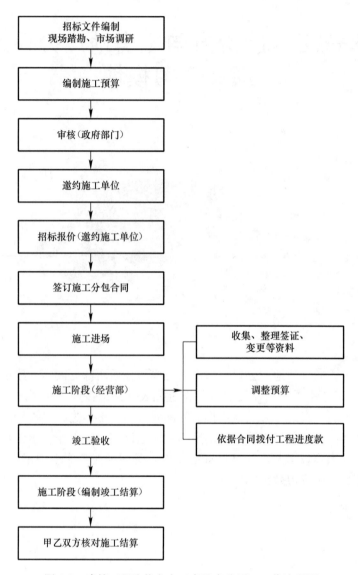

图 4-1 建筑工程造价方向（房地产公司）工作流程图

4.2 建筑工程造价方向（房地产公司）顶岗实习工作过程

4.2.1 顶岗实习情况简介及工作过程目录（表4-1）

表 4-1

建筑工程造价方向（房地产公司）顶岗实习情况简介
建筑工程造价方向（房地产公司）顶岗实习 项目名称：＿＿＿＿＿＿＿＿＿＿＿＿ 项目地点：＿＿＿＿＿＿＿＿＿＿＿＿ 实习时间：＿＿＿＿＿＿＿＿＿＿＿＿ 实 习 人：＿＿＿＿＿＿＿＿＿＿＿＿ 班 级：＿＿＿＿＿＿＿＿＿＿＿＿ 校内指导教师：＿＿＿＿＿＿＿＿＿＿＿＿ 企业导师：＿＿＿＿＿＿＿＿＿＿＿＿
建筑工程造价方向（房地产公司）工作过程目录
阶段一 招标文件编制阶段 阶段二 项目施工阶段 阶段三 竣工阶段

4.2.2 建筑工程造价方向（房地产公司）工作过程表

阶段一　招标文件编制阶段工作表　　　　　　　　　　　　　表 4-2

开始日期：　　　　　　　　　　　结束日期：	
应完成工作内容	实际完成工作内容
（1）收集相关资料熟悉依据。 （2）策划建设项目招标方式	
（3）编制招标文件（含评标方法及标准、工程量清单）： 1）清单说明、清单初稿（书面版本、电子版本）。 2）计算书（电子版本）。 3）招标图纸（书面版本）。 4）与业主、设计院等来往的文件（书面版本）	
（4）编制标底（可用平均值）。 （5）提供评标用表格和其他资料。 （6）起草评标报告、起草合同文本	

阶段一　招标文件编制阶段补充工作表　　　　　　　　　　　　　　表 4-3

开始日期：	结束日期：
实际完成工作内容	

开始日期：　　　　　　　　　　　结束日期：

应完成工作内容	实际完成工作内容
（1）审核施工单位上报的进度结算书 1）按部位、房间或者楼层分区制定一份详细的预算分解表。 2）依据甲乙方签字的工程形象部位现场考察，确定各主要控制项目的材料。 3）现场考察，详细记录施工部位的做法，确定套定额项目。 4）现场考察，主要工程部位的工程量进行详细准确的计算	
（2）编写工程进度款拨付的书面文件： 1）实地考察，进度款的真实情况。 2）单方造价指标复核。 3）参考工期和合同价等综合控制拨付进度款的金额	

应完成工作内容	实际完成工作内容
（3）甲方签证收集。 （4）设计变更收集 1）现场收集施工记录（复杂、隐蔽部位拍照）。 2）原设计图已实施后的变更，应注明；原图制作加工、安装、材料费以及拆除费。回收费抵扣。 3）原设计图没有实施，原费用应扣除。 4）由设计、施工方错误造成的变更，要考虑索赔。 5）监理方原因造成的变更，费用增加。 6）无甲方技术负责人认可并签发的变更不能计算任何费用。签字（章）齐全，设计变更可以由设计单位签发	

阶段二　项目施工阶段补充工作表　　　　　　　　　　　　　　　表 4-5

开始日期：	结束日期：
实际完成工作内容	

阶段三　竣工阶段工作表　　　　　　　　　　　　　　　　　　　　　表 4-6

开始日期：　　　　　　　　　　　结束日期：

应完成工作内容	实际完成工作内容
（1）收集整理相关资料 1）招标文件； 2）投标答疑； 3）投标文件； 4）施工合同； 5）有关协议； 6）经批准的施工组织设计； 7）图纸会审和设计变更； 8）隐蔽工程记录； 9）经现场监理工程师签复过的施工签证，签字（章）齐全的施工签证； 10）甲方供材明细记录； 11）施工图纸； 12）工程竣工验收资料； 13）施工阶段的笔记、照片等材料	
企业导师签字： 日　　　期：	学校指导教师签字： 日　　　期：
成　绩	

阶段三　竣工阶段补充工作表　　　　　　　　表 4-7

开始日期：	结束日期：

实际完成工作内容

企业导师签字：	学校指导教师签字：
日　　　期：	日　　　期：
成　绩	

5

建筑工程监理方向顶岗实习模块

　　建筑工程监理方向顶岗实习模块包括两部分内容：建筑工程监理方向的工作流程图和顶岗实习工作过程。学生在该方向顶岗实习时，可先参照建筑工程监理工作流程图熟悉整个工作过程，再根据工作过程表左侧内容找到自己目前所处的工作阶段，确定本阶段应该完成的工作。学生在表格右侧如实填写完成的工作（内容较多及需详细展开的工作，可在补充工作表中填写），作为实习记录和以后教师考核学生实习效果的依据。

5.1 建筑工程监理方向工作流程图

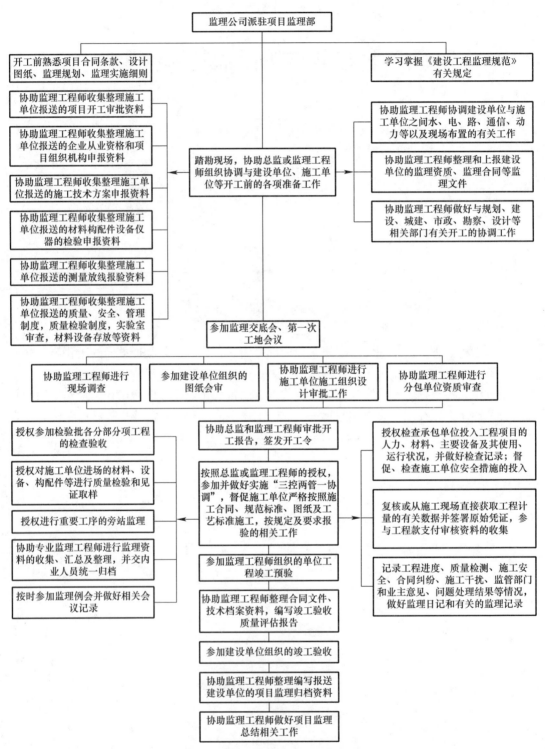

图 5-1　建筑工程监理方向工作流程图

5.2 建筑工程监理方向顶岗实习工作过程

5.2.1 顶岗实习情况简介及工作过程目录

表 5-1

建筑工程监理方向顶岗实习情况简介
建筑工程监理方向顶岗实习 项目名称：＿＿＿＿＿＿＿＿＿＿ 项目地点：＿＿＿＿＿＿＿＿＿＿ 实习时间：＿＿＿＿＿＿＿＿＿＿ 实 习 人：＿＿＿＿＿＿＿＿＿＿ 班　　级：＿＿＿＿＿＿＿＿＿＿ 校内指导教师：＿＿＿＿＿＿＿＿ 企业导师：＿＿＿＿＿＿＿＿＿＿
建筑工程监理方向工作过程目录
阶段一　施工准备阶段 阶段二　施工阶段 阶段三　竣工验收阶段

5.2.2 建筑工程监理方向工作过程表

阶段一 施工准备阶段工作表 表 5-2

开始日期： 结束日期：

应完成工作内容	实际完成工作内容
（1）熟悉所监理项目的合同条款、设计图纸及相关规范标准。 （2）熟悉监理项目部为所监理项目编制的监理规划和监理实施细则。 （3）认真学习和掌握《建设工程监理规范》GB/T 50319—2013 有关规定	
（4）协助监理工程师收集整理施工单位报送的工程项目开工申报资料（其中包括施工许可证、工程开工报告等）。 （5）协助监理工程师收集整理施工单位报送企业从业资格和项目组织机构申报资料（其中包括营业执照、资质证书、安全许可证、企业法人代码证书、质量体系认证证书（复印件），劳务分包单位资料，项目经理及现场管理人员名单及资格证书，特种作业人员上岗证书，项目经理法人委托书、项目章启用函等）	
（6）协助监理工程师收集整理施工单位报送的施工技术方案申报资料（施工组织设计、施工措施计划、施工测量施测计划和方案、施工重点的专项方案、安全专项方案、临时用电方案、防洪预案、安全事故应急预案等）	
（7）协助监理工程师收集整理施工单位报送工程材料/构配件/设备仪器申报资料（其中包括施工第一批进场的材料的出厂合格证、试验报告、材料清单，施工所用机械设备出厂合格证、技术资料、设备清单，计量器具的年检合格证、校验证、备案证，现场设备台账等）	

应完成工作内容	实际完成工作内容
（8）协助监理工程师收集整理施工单位报送的测量放线报验资料（其中包括定位放线依据，测量定位放线成果图等）	
（9）协助监理工程师收集整理施工单位报送的其他设计交底及图纸会审、地质勘查、现场质量管理制度、工程质量检验制度、实验室资格报审、现场材料及机械设备存放管理等方面的资料	
（10）参加监理交底会并做好会议记录。 （11）参加第一次工地会议并做好相关记录	
（12）协助监理工程师协调建设单位与施工单位之间水、电、路、通信、动力等以及现场布置的有关工作。 （13）协助监理工程师整理和上报建设单位的监理资质、监理合同等监理文件。 （14）协助监理工程师做好与规划、建设、城建、市政、勘察、设计等相关部门有关开工的协调工作	
（15）协助监理工程师进行现场调查	
（16）参加建设单位组织的图纸会审	
（17）协助监理工程师进行施工单位施工组织设计审批工作。 （18）协助监理工程师进行分包单位资质审查	

阶段一　施工准备阶段补充工作表

表 5-3

开始日期：	结束日期：
实际完成工作内容	

阶段二　施工阶段工作表　　　　　　　　　　　　　　　　　表 5-4

开始日期：　　　　　　　　　　　　结束日期：

应完成工作内容	实际完成工作内容
（1）参加地基与基础测量放线成果验收工作。 （2）按照总监或监理工程师的授权，对基础混凝土浇筑施工进行旁站监理。 （3）参加地基与基础验收工作。 （4）按照总监或监理工程师的授权，对基础回填土施工进行旁站监理。 （5）按照总监理工程师或监理工程师的授权，对基础防水工程施工进行旁站监理	
（6）参加主体结构各层测量放线成果验收工作。 （7）参加主体结构各层钢筋隐蔽工程质量检查与验收工作。 （8）参加主体结构各层模板工程质量检查与验收工作	
（9）按照总监理工程师或监理工程师的授权，对主体结构各层混凝土浇筑施工进行旁站监理	
（10）参加屋面各构造层施工质量检查与验收工作。 （11）参加屋面防水层施工质量检查与验收工作。 （12）按照总监理工程师或监理工程师的授权，对屋面防水层施工进行旁站监理	

应完成工作内容	实际完成工作内容
（13）参加楼地面装饰装修施工质量检查与验收工作。 （14）参加内外墙面装饰装修施工质量检查与验收工作	
（15）按照总监或专业监理工程师授权，对施工单位进场的材料、设备、构配件等进行质量检验和见证取样。 （16）按照总监或专业监理工程师授权检查承包单位投入工程项目的人力、材料、主要设备及其使用、运行状况，并做好检查记录；督促、检查施工单位安全措施的投入	
（17）协助专业监理工程师进行监理资料的收集、汇总及整理，并交内业人员统一归档	
（18）记录工程进度、质量检测、施工安全、合同纠纷、施工干扰、监管部门和业主意见、问题处理结果等情况。 （19）监理日记和有关的监理记录	

阶段二　施工阶段补充工作表　　　　　　　　　　　表 5-5

开始日期：	结束日期：
实际完成工作内容	

阶段三　竣工验收阶段工作表　　　　　　　　　　　　　　表 5-6

开始日期：　　　　　　　　　　　　　结束日期：

应完成工作内容	实际完成工作内容
（1）参加总监理工程师组织的单位工程竣工预验。 （2）协助监理工程师整理合同文件、技术档案资料，编写竣工验收质量评估报告	
（3）参加建设单位组织的竣工验收	
（4）协助监理工程师整理编写报送建设单位的项目监理归档资料。 （5）协助监理工程师做好项目监理总结相关工作	
企业导师签字： 日　　　　期：	学校指导教师签字： 日　　　　期：
成　绩	

阶段三 竣工验收阶段补充工作表 表 5-7

开始日期：	结束日期：
实际完成工作内容	

企业导师签字：	学校指导教师签字：
日　　　期：	日　　　期：
成　绩	

建筑工程资料整理方向顶岗实习模块

　　建筑工程资料整理方向顶岗实习模块包括两部分内容：建筑工程资料整理方向的工作流程图和顶岗实习工作过程。学生在该方向顶岗实习时，可先参照建筑工程资料整理工作流程图熟悉整个工作过程，再根据工作过程表左侧内容找到自己目前所处的工作阶段，确定本阶段应该完成的工作。学生在表格右侧如实填写完成的工作（内容较多及需详细展开的工作，可在补充工作表中填写），作为实习记录和以后教师考核学生实习效果的依据。

6.1 建筑工程资料整理方向工作流程图

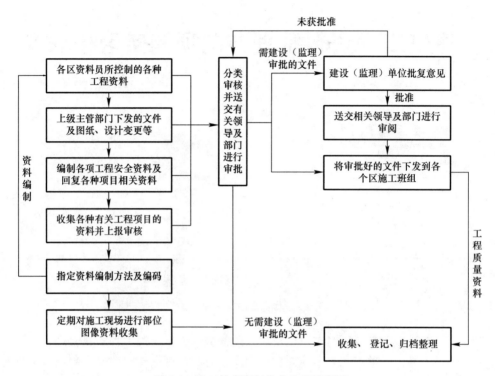

图 6-1 施工技术资料收集整理流程图

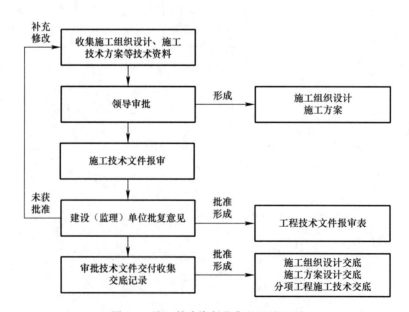

图 6-2 施工技术资料收集整理流程图

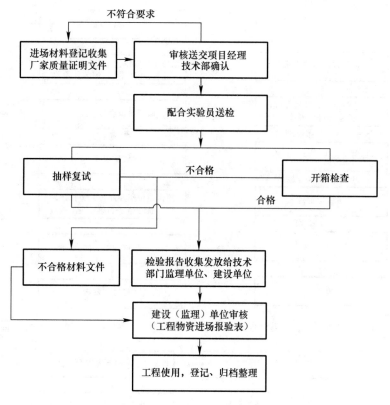

图 6-3　施工物资资料收集整理流程图

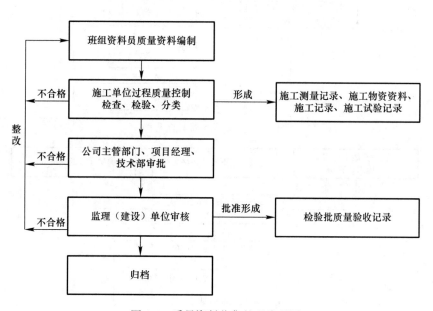

图 6-4　质量资料收集整理流程图

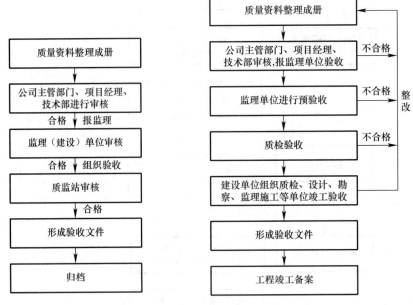

图 6-5 分部工程验收资料收集整理流程图   图 6-6 工程验收资料收集整理流程图

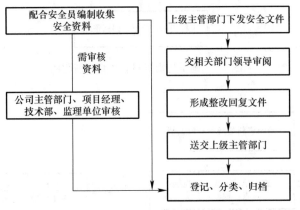

图 6-7 安全资料管理流程图

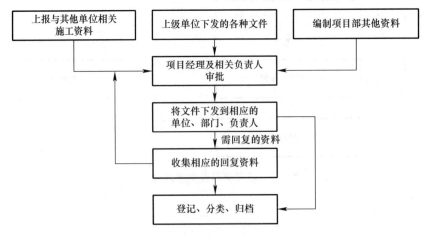

图 6-8 其他资料管理流程图

6.2 建筑工程资料整理方向顶岗实习工作过程

6.2.1 顶岗实习情况简介及工作过程目录（表6-1）

表6-1

建筑工程资料整理方向顶岗实习情况简介
建筑工程资料整理方向顶岗实习   项目名称：_____ 项目地点：_____ 实习时间：_____ 实 习 人：_____ 班　　级：_____ 校内指导教师：_____ 企业导师：_____
建筑工程资料整理方向工作过程目录
阶段一　开工前阶段 阶段二　基础施工阶段 阶段三　主体结构施工阶段 阶段四　装饰装修阶段 阶段五　屋面工程阶段 阶段六　竣工验收阶段 阶段七　竣工图阶段 阶段八　建筑工程存档资料

6.2.2 建筑工程资料整理方向工作过程表

| | 阶段一　开工前阶段工作表 | | 表 6-2 |

开始日期：　　　　　　　　　　　　　　结束日期：

应完成工作内容	实际完成工作内容
开工前需整理好如下资料： (1) 施工许可证（建设单位提供）； (2) 施工组织设计（包括报审表、审批表）； (3) 开工报告（开工报审）； (4) 工程地质勘查报告； (5) 施工现场质量管理检查记录（报审）； (6) 质量人员从业资格证书（收集报审）； (7) 特殊工种上岗证（收集报审）； (8) 测量放线（报审）	

阶段一　开工前阶段补充工作表　　　　　　　　　　　　表 6-3

开始日期：	结束日期：
实际完成工作内容	

阶段二 基础施工阶段工作表

表 6-4

开始日期：　　　　　　　　　　　结束日期：

应完成工作内容	实际完成工作内容
（1）钢筋进场取样、送样（图纸上规定的各种规格钢筋）	
（2）土方开挖（土方开挖方案、技术交底，地基验槽记录、隐蔽、检验批报验）	
（3）垫层 隐蔽、混凝土施工检验批、放线记录（放线预检，各层放线测量及复测记录）、放线技术复核。 （4）基础 钢筋原材料检测报告报审，钢筋、模板、混凝土施工方案、技术交底；钢筋隐蔽、钢筋、模板检验批、放线记录、技术复核；混凝土隐蔽、混凝土施工检验批，标养、拆模试块。 （5）基础砖墙 方案技术交底：提前做砂浆配合比，隐蔽、检验批，砂浆试块。 （6）模板拆除 拆模试块报告报审，隐蔽、检验批	

应完成工作内容	实际完成工作内容
（7）土方回填 方案、技术交底，隐蔽、检验批，土方密实度试验	
（8）分部验收记录	

阶段二 基础施工阶段补充工作表 表 6-5

开始日期： 结束日期：

实际完成工作内容

阶段三　主体结构施工阶段工作表　　　　　　　　　　表 6-6

开始日期：	结束日期：
应完成工作内容	实际完成工作内容
（1）工程质量控制资料 1）验收记录； 2）施工技术管理资料； 3）产品质量证明文件； 4）检验报告； 5）施工记录	
（2）工程安全和功能检验资料及主要功能抽查记录。 （3）分项工程质量验收记录。 （4）工程质量控制资料——检测报告。 （5）图纸会审。 （6）分部工程质量验收记录	

阶段三　主体结构施工阶段补充工作表

表 6-7

开始日期：	结束日期：
实际完成工作内容	

阶段四　装饰装修阶段工作表　　　　　　　　　　　表 6-8

开始日期：　　　　　　　　　　　　结束日期：

应完成工作内容	实际完成工作内容
（1）工程质量控制资料 1）验收记录； 2）施工技术管理资料； 3）产品质量证明文件； 4）检验报告	
（2）大理石、花岩石等室内装饰材料提供建筑材料放射性指标检验报告。 （3）工程质量控制资料——施工记录。 （4）工程安全和功能检验资料及主要功能抽查记录。 （5）分项工程质量验收记录。 （6）工程质量控制资料——检测报告	
（7）分部验收记录	

阶段四　装饰装修阶段补充工作表　　　　　　　　　　表 6-9

开始日期：	结束日期：
实际完成工作内容	

阶段五　屋面工程阶段工作表　　　　　　　　　　　表 6-10

开始日期：　　　　　　　　　　　结束日期：

应完成工作内容	实际完成工作内容
（1）工程质量控制资料 1）验收记录； 2）施工技术管理资料； 3）产品质量证明文件； 4）检验报告； 5）施工记录。 （2）工程安全和功能检验资料及主要功能抽查记录。 （3）分项工程质量验收记录。 （4）分部工程质量验收记录	

阶段五　屋面工程阶段补充工作表

表 6-11

开始日期：	结束日期：
实际完成工作内容	

阶段六　竣工验收阶段工作表　　　　　　　　　　表6-12

开始日期：	结束日期：
应完成工作内容	实际完成工作内容
（1）工程质量验收申请。 （2）单位（子单位）工程质量控制资料核查记录。 （3）单位（子单位）工程安全和功能检验资料核查及主要功能抽查记录。 （4）单位（子单位）工程观感质量检查记录。 （5）工程质量评估报告。 （6）勘察文件质量检查报告。 （7）设计文件质量检查报告。 （8）单位工程施工安全评价书	

应完成工作内容	实际完成工作内容
（9）电梯安装分部质量验收登记表。 （10）消防验收文件或准许认可使用文件。 （11）燃气工程验收文件。 （12）房屋建筑工程质量保修书。 （13）商品住宅《住宅质量保证书》、《住宅使用说明书》。 （14）单位（子单位）工程质量验收记录、纪要。 （15）建设工程质量监督验收意见书。 （16）建设工程规划验收认可文件。 （17）环保验收文件或准许认可使用文件。 （18）建设工程竣工验收档案认可书。 （19）建设工程竣工验收报告。 （20）房屋建筑工程和市政基础设施工程竣工验收备案表	

阶段六　竣工验收阶段补充工作表	表 6-13
开始日期：　　　　　　　　　结束日期：	
实际完成工作内容	

阶段七　竣工图阶段工作表　　　　　　　　　　　　　　　　表 6-14

开始日期：　　　　　　　　　　　　结束日期：	
应完成工作内容	实际完成工作内容
(1) 建筑竣工图； (2) 结构竣工图； (3) 钢结构竣工图； (4) 幕墙竣工图； (5) 二次装修竣工图； (6) 给水排水及采暖竣工图； (7) 建筑电气工程竣工图； (8) 智能建筑竣工图； (9) 通风与空调竣工图； (10) 电梯工程竣工图； (11) 室内燃气工程竣工图	
企业导师签字： 日　　　期：	学校指导教师签字： 日　　　期：
成　绩	

阶段七　竣工图阶段补充工作表　　　　　　　　　　　　　表 6-15

开始日期：	结束日期：
实际完成工作内容	

企业导师签字：	学校指导教师签字：
日　　　期：	日　　　期：
成　绩	

阶段八　建筑工程存档资料工作表　　　　　　　　　　　　　　表 6-16

A 工程资料类别、来源及保存要求

工程资料类别	工程资料名称		工程资料来源	工程资料保存			
				施工单位	监理单位	建设单位	城建档案馆
A 类	工程准备阶段文件						
A1 类 决策立项文件	A1-1	项目建议书	建设单位			●	●
	A1-2	项目建议书审批文件	建设行政管理部门			●	●
	A1-3	可行性研究报告及附件	建设单位			●	●
	A1-4	可行性研究报告批复文件	建设行政管理部门			●	●
	A1-5	工程立项的会议纪要及领导批示	建设单位			●	●
	A1-6	工程立项的专家建议资料	建设单位			●	●
	A1-7	工程项目的评估研究资料	建设单位			●	●
	A1-8	计划任务书审批文件	建设行政管理部门			●	●
	A1-9	××省固定资产项目备案证	建设行政管理部门			●	●
A2 类 建设用地、征地、拆迁文件	A2-1	选址申请及选址规划意见通知书	建设单位规划部门			●	●
	A2-2	用地申请批准文件	土地行政管理部门			●	●
	A2-3	拆迁安置意见、协议、方案等	建设单位			●	●
	A2-4	建设用地规划许可证及附件	规划行政管理部门			●	●
	A2-5	划拨建设用地文件	土地行政管理部门			●	●
	A2-6	国有土地使用证	土地行政管理部门			●	●
A3 类 勘察、测绘设计文件	A3-1	岩土工程勘察报告	勘察单位	●		●	●
	A3-2	水文地质勘察报告	勘察单位	●		●	●
	A3-3	建设用地钉桩通知单	规划行政管理部门	●	●		●
	A3-4	地形测量和拨地测量成果报告	测绘单位			●	●
	A3-5	规划设计条件通知书	规划行政管理部门			●	●
	A3-6	初步设计图纸和说明	设计单位			●	
	A3-7	技术设计图纸和说明	规划行政管理部门			●	
	A3-8	审定设计方案通知书及审查意见	规划行政管理部门			●	●
	A3-9	施工图联合审查意见书	行政管理部门			●	●

工程资料类别		工程资料名称	工程资料来源	工程资料保存			
				施工单位	监理单位	建设单位	城建档案馆
A3类勘察、测绘设计文件	A3-10	施工图设计及其说明	设计单位	○	○	●	
	A3-11	设计计算书	设计单位			●	
	A3-12	施工图设计审查合格书、审批报告	施工图审查机构	○	○	●	●
A4类招标投标文件	A4-1	勘察招标投标文件	建设单位 勘察单位			●	
	A4-2	勘察承包合同*	建设单位 勘察单位			●	●
	A4-3	设计招标投标文件	建设单位 设计单位			●	
	A4-4	设计承包合同*	建设单位 设计单位			●	●
	A4-5	监理招标投标文件	建设单位 监理单位		●	●	
	A4-6	监理承包合同*	建设单位 监理单位		●	●	●
	A4-7	施工招标投标文件	建设单位 施工单位	●		●	
	A4-8	施工承包合同*	建设单位 施工单位	●	○	●	●
	A4-9	其他委托协议、合同	建设单位	●		●	
	A4-10	建设工程中标通知书	建设单位	●	●	●	
A5类开工审批文件	A5-1	建设项目年度计划申报文件	建设单位			●	●
	A5-2	建设项目年度计划批复文件或年度计划项目表	建设行政管理部门			●	●
	A5-3	规划审批申请表及报送的文件和图纸	建设单位 设计单位			●	
	A5-4	建设工程规划许可证及附件	规划部门			●	●
	A5-5	建设工程施工许可申请表及其附件	建设单位			●	
	A5-6	建筑工程施工许可证	建设行政管理部门	●	○	●	●
	A5-7	投资许可证、审查证明及缴纳各种建设费用证明	建设行政管理部门			●	●
A6类商务文件	A6-1	工程投资估算资料	建设单位			●	
	A6-2	工程设计概算资料	建设单位			●	
	A6-3	工程施工图预算资料	建设单位			●	
		A类其他资料					

续表

工程资料类别	工程资料名称		工程资料来源	工程资料保存			
				施工单位	监理单位	建设单位	城建档案馆
B	监理资料						
B1类 监理管理资料	表B1-1	法定代表人授权书	监理单位		●	○	
	B1-2	监理规划	监理单位		●	●	●
	B1-3	监理实施细则	监理单位	○	●	●	●
	表B1-4	监理会议纪要	监理单位	○	●	●	
	B1-5	监理日志	监理单位		●		
	B1-6	监理月报	监理单位		●	●	
	表B1-7	工作联系单	监理单位 施工单位	○	●	○	
	表B1-8	监理工程师通知	监理单位	○	●	○	
	表B1-9	监理工程师通知回复单*	施工单位	○	●	○	
	表B1-10	工程开工报审表**	施工单位	●	●	●	●
	表B1-11	施工单位申请表（通用）	施工单位	○	○		
	B1-12	专题报告（总结）	监理单位		●	●	
B2类 质量控制资料	表B2-1	施工组织设计/方案报审表*	施工单位	○	○	○	
	表B2-2	主要施工机械设备报审表*	施工单位	○	○		●
	表B2-3	施工控制测量成果报验单*	施工单位	○	○		●
	表B2-4	工程报验单*	施工单位	○	○		
	表B2-5	工程材料/构配件/设备报审表*	施工单位	○	○		●
	表B2-6	检测机构资格报审表*	施工单位	○	○		
	表B2-7	见证取样送检见证人授权书	监理单位	○	○		●
	表B2-8	见证取样检测委托单	施工单位	○	○	○	
	表B2-9	砌体/混凝土检验批验收认可通知	监理单位	○	○		
	表B2-10	旁站监理记录*	监理单位		●		
	表B2-11	工程质量更改通知	监理单位	○	●	○	
	表B2-12	工程质量事故报告单*	施工单位	●	●	○	
	表B2-13	工程质量事故处理方案报审表**	施工单位	●	●	○	
B3类 进度控制资料	表B3-1	施工进度计划（调整计划）报审表*	施工单位	○	○	○	
B4类 造价控制资料	表B4-1	工程计量报审表*	施工单位	○	○	○	
	表B4-2	工程款/进度款支付申请表	施工单位	○	○	○	
	表B4-3	工程款/进度款支付证书	监理单位	○	○	○	
B5类 合同控制资料	表B5-1	分包单位资格报审表*	施工单位	●	●	●	
	表B5-2	工程临时/最终延期申请表	施工单位	●	●		
	表B5-3	工程临时/最终延期审批表	监理单位	●	●		
	B5-4	合同争议处理意见	监理单位	●	●	●	
	B5-5	合同变更资料	施工单位 建设单位	●	●	●	
	表B5-6	工程暂停令	监理单位	○	●	○	●

续表

工程资料类别		工程资料名称	工程资料来源	工程资料保存			
				施工单位	监理单位	建设单位	城建档案馆
B5类合同控制资料	表 B5-7	工程复工报审表*	施工单位	●	●	●	●
	表 B5-8	工程变更费用报审表**	施工单位	●	●	●	
	表 B5-9	索赔意向通知书	施工单位	○	○	○	
	表 B5-10	费用索赔申请表	施工单位	●	●	●	
	表 B5-11	费用索赔审批表	监理单位	●	●	●	
	B5-12	工程竣工结算审核意见书	监理单位	○	○	○	●
B6类竣工管理资料	表 B6-1	单位（子单位）工程竣工预验收报验表	施工单位	●	●	●	
	B6-2	工程质量评估报告	监理单位	●	●	●	●
	B6-3	监理工作总结	监理单位	●	●	●	●
	表 B6-4	监理资料移交书	监理单位		●	●	
C类	施工资料						
C1类施工管理资料	表 C1-1	工程概况表	施工单位	●	●	●	●
	表 C1-2	施工现场质量管理检查记录	施工单位	○	○		
	表 C1-3	建筑工程质量事故调（勘）查记录	调查单位	●	●	●	●
	表 C1-4	工程质量事故报告	调查单位	●	●	●	●
	表 C1-5	施工日志	施工单位	●			
C2类施工技术资料	表 C2-1	图纸会审记录**	施工单位	●	●	●	●
	表 C2-2	施工组织设计及施工方案	施工单位	●	○		
	表 C2-3	危险性较大分部分项工程施工方案专家论证表	设计单位	●	○		
	表 C2-4	技术交底记录	施工单位	●			
	表 C2-5	设计变更通知单**	施工单位	●	●	●	●
	表 C2-6	工程洽商记录**	施工单位	●	●	●	●
C3类工程主要物资资料	Ⅰ	进场检验通用表格					
	表 C3-1-1	质量证明文件、检测报告汇总表	施工单位	●			●
	表 C3-1-2	出厂质量证明文件及检测报告粘贴表	施工单位	●	●	●	●
	表 C3-1-3	材料、构配件进场验收记录	施工单位	○	○		
	Ⅱ	进场检验专用表格					
	表 C3-2-1	设备开箱检验记录	施工单位	○	○		
	表 C3-2-2	设备（管道附件）试压记录	施工单位	●	○	●	●
	Ⅲ	进场复试报告通用表格					
	表 C3-3-1	进场材料检测报告	检测单位	●	●	●	●
	Ⅳ	进场复试报告					
	表 C3-4-1	钢材力学性能、重量偏差检测报告	检测单位	●	●	●	●
	表 C3-4-2	水泥检测报告	检测单位	●	●	●	●
	表 C3-4-3	砂检测报告	检测单位	●	●	●	●
	表 C3-4-4	石子检测报告	检测单位	●	●	●	●
	表 C3-4-5	结构密封胶检测报告	检测单位	●	●	●	●
C4类施工检测报告	表 C4-1	钢材连接检测报告汇总表	施工单位	●	○		●
	表 C4-2	钢材连接检测报告	检测单位	●	●	●	●
	表 C4-3	高强度螺栓连接摩擦面抗滑移系数检测报告	检测单位	●	●	●	●

续表

工程资料类别		工程资料名称	工程资料来源	工程资料保存			
				施工单位	监理单位	建设单位	城建档案馆
C4类施工检测报告	表 C4-4	焊缝射线检测报告	检测单位	●	●	●	●
	表 C4-5	焊缝磁粉检测报告	检测单位	●	●	●	●
	表 C4-6	焊缝超声波检测报告	检测单位	●	●	●	●
	表 C4-7	混凝土抗压强度检测报告汇总表	施工单位	●	○		●
	表 C4-8	混凝土强度评定表	施工单位	●	●	●	●
	表 C4-9	混凝土配合比通知单	检测单位	●	●	●	●
	表 C4-10	混凝土试块抗压强度检测报告	检测单位	●	●	●	●
	表 C4-11	混凝土抗渗检测报告	检测单位	●	●	●	●
	表 C4-12	砂浆抗压强度检测报告汇总表	施工单位	●	○		●
	表 C4-13	砂浆强度评定表	施工单位	●	●	●	●
	表 C4-14	砂浆土配合比通知单	检测单位	●	●	●	●
	表 C4-15	砂浆试块抗压强度检测报告	检测单位	●	●	●	●
	表 C4-16	土壤检测报告	检测单位	●	●	●	●
	表 C4-17	土壤击实检测报告	检测单位	●	●	●	●
	表 C4-18	建筑外门窗检测报告	检测单位	●	●	●	●
	表 C4-19	建筑幕墙检测报告	检测单位	●	●	●	●
	表 C4-20	后置埋件检测报告	检测单位	●	●	●	●
	表 C4-21	回弹法检测混凝土强度检测报告	检测单位	●	●	●	●
	表 C4-22	结构实体钢筋保护层厚度检测报告	检测单位	●	●	●	●
	表 C4-23	节能构造钻芯检测报告	检测单位	●	●	●	●
	表 C4-24	节能、保温检测报告	检测单位	●	●	●	●
	表 C4-25	室内环境检测报告	检测单位	●	●	●	●
	表 C4-26	桩基及地基处理检测报告	检测单位	●	●	●	●
	表 C4-27	沉降观测记录	检测单位	●	●	●	●
	表 C4-28	检测报告（通用）	检测单位	●	●	●	●
C5类施工记录	Ⅰ 通用表格						
	表 C5-1-1	隐蔽工程验收记录	施工单位	●	●	●	●
	表 C5-1-2	施工记录（通用）	施工单位	●			
	表 C5-1-3	专项工程中间交接验收检查记录	施工单位	●	○		
	Ⅱ 建筑与结构						
	表 C5-2-1	工程预检记录	施工单位	●	○		
	表 C5-2-2	工程定位测量记录	施工单位	●	●	●	●
	表 C5-2-3	基槽及各层放线测量及复测记录	施工单位	●	●	●	●
	表 C5-2-4	建筑物垂直度、标高、全高测量记录	施工单位	●	●	○	●
	表 C5-2-5	地基验槽记录	施工单位	●	●	●	●
	表 C5-2-6	地基钎探记录	施工单位	●	●	●	●
	表 C5-2-7	混凝土浇灌申请书	施工单位	●	○		
	表 C5-2-8	混凝土开盘鉴定	施工单位	●	○		●
	表 C5-2-9	混凝土工程施工记录	施工单位	●	○	●	●
	表 C5-2-10	混凝土坍落度检查记录	施工单位	●	○		

工程资料类别	工程资料名称		工程资料来源	工程资料保存			
				施工单位	监理单位	建设单位	城建档案馆
C5类施工记录	表 C5-2-11	冬期混凝土搅拌及浇灌测温记录	施工单位	●	○		
	表 C5-2-12	混凝土养护测温记录	施工单位	●	○		
	表 C5-2-13	同条件养护混凝土试件测温记录	施工单位	●	○		
	表 C5-2-14	结构实体钢筋保护层厚度检测记录	施工单位	●	○	●	
	表 C5-2-15	大型构件吊装记录	施工单位	●	●	●	●
	表 C5-2-16	焊接材料烘焙记录	施工单位	●	○		
	表 C5-2-17	大六角高强度螺栓初拧（终拧）施工检查记录	施工单位	●	●		●
	表 C5-2-18	空间网络结构挠度值检查记录	施工单位	●	●		●
	表 C5-2-19	现场施加预应力筋张拉记录	施工单位	●	●		●
	表 C5-2-20	预应力灌浆记录	施工单位	●	●	●	●
	表 C5-2-21	钢筋冷拉记录	施工单位	●			●
	Ⅲ 桩基、基坑与地基处理						
	表 C5-3-1	钢筋混凝土预制桩施工记录	施工单位	●	○		●
	表 C5-3-2	钢管桩施工记录	施工单位	●	○		●
	表 C5-3-3	钻孔桩钻孔施工记录	施工单位	●	○		●
	表 C5-3-4	钻孔灌注桩后压浆施工记录	施工单位	●	○		●
	表 C5-3-5	长螺旋钻孔泵压	施工单位	●	○		●
	表 C5-3-6	套管成孔灌注桩施工记录	施工单位	●	○		●
	表 C5-3-7	井点施工记录（通用）	施工单位	●	○		
	表 C5-3-8	轻型井点降水记录	施工单位	●	○		
	表 C5-3-9	喷射井点降水记录	施工单位	●	○		
	表 C5-3-10	电渗井点降水记录	施工单位	●	○		
	表 C5-3-11	管井井点降水记录	施工单位	●	○		
	表 C5-3-12	深井井点降水记录	施工单位	●	○		
	表 C5-3-13	地下连续墙挖槽施工记录	施工单位	●	○		
	表 C5-3-14	地下连续墙护壁泥浆施工记录	施工单位	●	○		
	表 C5-3-15	地下连续墙混凝土浇筑记录	施工单位	●	○		
	表 C5-3-16	锚杆成孔记录	施工单位	●	○		
	表 C5-3-17	锚杆安装记录	施工单位	●	○		
	表 C5-3-18	预应力锚杆张拉与锁定施工记录	施工单位	●	○		
	表 C5-3-19	注浆及护坡混凝土施工记录	施工单位	●	○		
	表 C5-3-20	土钉墙土钉成孔施工记录	施工单位	●	○		
	表 C5-3-21	土钉墙土钉钢筋安装记录	施工单位	●	○		
	表 C5-3-22	沉井下沉施工记录	施工单位	●	○		●
	表 C5-3-23	沉井、沉箱下沉完毕检查记录	施工单位	●	○		●
	表 C5-3-24	试打桩记录	施工单位	●	○		●
	表 C5-3-25	土桩与灰土挤密桩桩孔施工记录	施工单位	●	○		●
	表 C5-3-26	土桩与灰土挤密桩桩孔分填施工记录	施工单位	●	○		●
	表 C5-3-27	重锤夯实施工记录	施工单位	●	○		●
	表 C5-3-28	强夯施工记录	施工单位	●	○		●

工程资料类别	工程资料名称		工程资料来源	工程资料保存			
				施工单位	监理单位	建设单位	城建档案馆
C5类施工记录	表 C5-3-29	强夯施工记录汇总表	施工单位	●	○		●
	表 C5-3-30	深层搅拌桩施工记录	施工单位	●	○		●
	表 C5-3-31	振冲处理施工记录	施工单位	●	○		●
	表 C5-3-32	旋喷桩施工记录	施工单位	●	○		●
	表 C5-3-33	高压旋喷钻孔记录	施工单位	●	○		●
	表 C5-3-34	CFG 桩施工记录	施工单位	●	○		●
C6类施工试验及检查记录	Ⅰ　通用表格						
	表 C6-1-1	设备单机试运转记录	施工单位	●	○	●	●
	表 C6-1-2	系统试运转（调试）记录	施工单位	●	○	●	●
	Ⅱ　建筑与结构工程						
	表 C6-2-1	淋（蓄）水试验记录（通用）	施工单位	●	○		
	表 C6-2-2	地下工程渗漏水检测记录	施工单位	●	○		
	表 C6-2-3	通风（烟）道检查记录	施工单位	●	○		
	Ⅲ　给排水及采暖工程						
	表 C6-3-1	灌水（满水）试验记录	施工单位	●	○	●	●
	表 C6-3-2	系统（分段）强度、严密性试验记录	施工单位	●	○	●	●
	表 C6-3-3	管道通水试验记录	施工单位	●	○	●	●
	表 C6-3-4	冲洗（吹扫/擦洗/脱脂）记录	施工单位	●	○	●	●
	表 C6-3-5	管道通球试验记录	施工单位	○	○	●	●
	表 C6-3-6	补偿器预拉伸记录	施工单位	○	○		
	表 C6-3-7	室内消火栓试射记录	施工单位	●	○		
	表 C6-3-8	整装锅炉烘炉检查记录	施工单位	●	○		
	表 C6-3-9	锅炉煮炉检查记录	施工单位	●	○		
	表 C6-3-10	整装锅炉 48 小时试运行记录	施工单位	●	○	●	
	Ⅳ　建筑电气工程						
	表 C6-4-1	接地电阻测试记录	施工单位	●	○	●	●
	表 C6-4-2	绝缘电阻测试记录	施工单位	●	○	●	●
	表 C6-4-3	避雷接地电阻测试记录	施工单位	●	○	●	●
	表 C6-4-4	电气器具通电安全检查记录	施工单位	○	○	●	●
	表 C6-4-5	电气设备调试记录	施工单位	●	○	●	●
	表 C6-4-6	照明全负荷试验记录	施工单位	●	○	●	●
	表 C6-4-7	大型灯具牢固性试验记录	施工单位	●	○	●	●
	表 C6-4-8	漏电开关模拟试验记录	施工单位	○	○	●	●
	表 C6-4-9	大容量电气线路结点测温记录	施工单位	○	○	●	
	Ⅴ　智能建筑工程						
	表 C6-5-1	综合布线测试记录	施工单位	●	○		●
	表 C6-5-2	光纤损耗测试记录	施工单位	●	○		●
	表 C6-5-3	视频系统末端测试记录	施工单位	●	○		●
	表 C6-5-4	智能建筑工程子系统检测记录	施工单位	●	○	●	●
	表 C6-5-5	智能建筑系统试运行记录	施工单位	●	○	●	●

工程资料类别		工程资料名称	工程资料来源	工程资料保存			
				施工单位	监理单位	建设单位	城建档案馆
C6 类施工试验及检查记录	Ⅵ 通风与空调工程						
	表 C6-6-1	系统无生产负荷联合试运转与调试记录	施工单位	●	○	●	●
	表 C6-6-2	室内温度、湿度测试记录	施工单位	●	○	●	●
	表 C6-6-3	净化空调系统检测记录	施工单位	●	○		●
	表 C6-6-4	风口（吸风罩）风量测试记录	施工单位	●	○		●
	表 C6-6-5	排烟系统联合试运转与调试记录	施工单位	●	○	●	●
	表 C6-6-6	制冷系统气密性试验记录	施工单位	●	○	●	●
	表 C6-6-7	现场组装除尘器（空调机组）漏风检查记录	施工单位	○	○		
	表 C6-6-8	风管漏风检测记录	施工单位	●	○		●
	表 C6-6-9	风管漏光检测记录	施工单位	○	○		
	表 C6-6-10	风管强度检测记录	施工单位	○			
	表 C6-6-11	通风空调设备、管道接地极防静电连接检查记录	施工单位	●	○	●	●
	表 C6-6-12	灌水（满水）试验记录（同表 C6-3-1）	施工单位	●	○	●	●
	表 C6-6-13	系统（分段）强度、严密性试验记录（同表 C6-3-2）	施工单位	●	○	●	●
	表 C6-6-14	管道通水试验记录（同表 C6-3-3）	施工单位	●			
	表 C6-6-15	冲洗（吹扫/擦洗/脱脂）记录（同表 C6-3-4）	施工单位	●	○	●	●
	表 C6-6-16	补偿器预拉伸记录（同表 C6-3-6）	施工单位	○	○		
	Ⅶ 电梯工程						
	表 C6-7-1	电梯安全装置检查记录	施工单位	●	○	●	●
	表 C6-7-2	电梯负荷运行试验记录	施工单位	●	○	●	●
	表 C6-7-3	电梯负荷运行试验曲线图（确定平衡系统）	施工单位	●	○	●	●
	表 C6-7-4	电梯噪声测试记录	施工单位	●	○	●	●
	表 C6-7-5	电梯加减速和轿厢运行的垂直、水平振动速度试验记录	施工单位	●	○	●	●
	表 C6-7-6	曳引机检查与试验记录	施工单位	●	○	●	●
	表 C6-7-7	限速器试验记录	施工单位	●	○	●	●
	表 C6-7-8	安全钳试验记录	施工单位	●	○	●	●
	表 C6-7-9	缓冲器试验记录	施工单位	●	○	●	●
	表 C6-7-10	层门和开门机械试验记录	施工单位	●	○	●	●
	表 C6-7-11	门锁试验记录	施工单位	●	○	●	●
	表 C6-7-12	绳头组合拉力试验记录	施工单位	●	○	●	●
	表 C6-7-13	选层器钢带试验记录	施工单位	●	○	●	●
	表 C6-7-14	轿厢试验记录	施工单位	●	○	●	●
	表 C6-7-15	控制屏试验记录	施工单位	●	○	●	●
C7 类施工质量验收记录	表 C7-1	检验批质量验收记录*	施工单位	●	○		
	表 C7-2	分项工程质量验收记录*	施工单位	●	●	●	
	表 C7-3	分部（子分部）工程质量验收记录**	施工单位	●			
	表 C7-4	专项工程竣工验收记录（通用）	施工单位	●	●	●	●
	表 C7-5	住宅工程质量分户验收汇总表	施工单位	●	●	●	●

续表

工程资料类别	工程资料名称		工程资料来源	工程资料保存			
				施工单位	监理单位	建设单位	城建档案馆
C8类竣工验收记录	表C8-1	单位（子单位）工程质量竣工验收记录**	施工单位	●	●	●	●
	表C8-2	单位（子单位）工程质量控制资料核查记录*	施工单位	●	●	●	●
	表C8-3	单位（子单位）工程安全和功能检验资料核查及主要功能抽查记录*	施工单位	●	●	●	●
	表C8-4	单位（子单位）工程观感质量验收记录*	施工单位	●	●	●	●
	C类其他资料						
D类竣工图	竣工图						
	建筑与结构竣工图						
	D1-1	建筑竣工图	编制单位	●		●	●
	D1-2	结构竣工图	编制单位	●		●	●
	D1-3	钢结构竣工图	编制单位	●		●	●
	建筑装饰与装修竣工图						
	D2-1	幕墙竣工图	编制单位	●		●	●
	D2-2	室内装饰竣工图	编制单位	●		●	●
	建筑给水、排水及采暖竣工图		编制单位	●		●	●
	建筑电气竣工图		编制单位	●		●	●
	智能建筑竣工图		编制单位	●		●	●
	通风与空调竣工图		编制单位	●		●	●
	室外工程竣工图		编制单位	●		●	●
	D3-1	室外给水、排水、供热、燃气、供电、照明管线等竣工图	编制单位	●		●	●
	D3-2	室外道路、园林绿化、花坛、喷泉等竣工图	编制单位	●		●	●
	D类其他资料						
E类	工程竣工文件						
E1类竣工验收文件	E1-1	勘察单位工程质量检查报告	勘察单位	○	○	●	●
	E1-2	设计单位工程质量检查报告	设计单位	○	○	●	●
	E1-3	施工图审查机构质量检查报告	施工图审查机构	○	○	●	●
	E1-4	监理单位工程评估报告	监理单位	○	●	●	●
	E1-5	建筑节能验收报告	政府主管部门	○		●	●
	E1-6	建设工程质量监督报告	政府主管部门	○		●	●
	E1-7	规划部门出具的工程规划验收认可文件	政府主管部门	○	○	●	●
	E1-8	公安消防部门出具的《建设工程消防验收意见书》					
	E1-9	环保部门出具的建设工程环保验收认可文件					
	E1-10	其他专项验收认可文件	政府主管部门	○	○	●	●
	E1-11	建设工程竣工报告	施工单位	●	●	●	●
	E1-12	建设工程竣工验收报告	建设单位	●	●	●	●
	E1-13	房屋建筑工程质量保修书	施工单位	●	●	●	●
	E1-14	住宅质量保证书、住宅使用说明书	建设单位			●	●
	E1-15	建设工程竣工验收备案表及备案证明书	建设单位			●	●
	E1-16	建设工程档案验收认可书	城建档案管理部门			●	●

续表

工程资料类别		工程资料名称	工程资料来源	工程资料保存			
				施工单位	监理单位	建设单位	城建档案馆
E2类竣工交档资料	E2-1	施工资料移交书*	施工单位	●		●	
	E2-2	监理资料移交书*	监理单位		●	●	
	E2-3	城市建设档案移交书	建设单位			●	●
E3类竣工总结文件	E3-1	工程竣工总结	建设单位			●	●
	E3-2	工程照片、录音、录像材料	建设单位	●		●	●
E4类竣工结算文件	E4-1	施工结算资料*	施工单位	○	○	●	●
	E4-2	监理费用结算资料*	监理单位		○	●	●
E类其他资料							

注：1. 表中工程资料名称与资料保存单位所对应的栏中"●"表示"归档保存"；"○"表示"过程保存"，是否归档保存可自行确定。

2. 表中注明"＊"的文件，宜由施工单位和监理或建设单位共同形成；表中注明"＊＊"的文件，宜由建设、设计、监理、施工等多方共同形成。

3. 勘察单位保存资料内容应包括工程地质勘察报告、勘察招标投标文件、勘察合同、勘察单位工程质量检查报告以及勘察单位签署的有关质量验收记录等。

4. 设计单位保存资料内容应包括审定设计方案通知书及审查意见、审定设计方案通知书要求征求有关部门的审查意见和要求取得有关协议、初步设计图及设计说明、施工图及设计说明、消防设计审核意见、施工图设计文件审查通知书及审查报告、设计招标投标文件、设计合同、图纸会审记录、设计变更通知单、设计签署意见的工程洽商记录（包括技术核定单）、设计单位工程质量检查报告以及设计单位签署的有关质量验收记录。

建筑工程测量方向顶岗实习模块

建筑工程测量方向顶岗实习模块包括两部分内容：建筑工程测量方向的工作流程图和顶岗实习工作过程。学生在该方向顶岗实习时，可先参照建筑工程测量工作流程图熟悉整个工作过程，再根据工作过程表左侧内容找到自己目前所处的工作阶段，确定本阶段应该完成的工作。学生在表格右侧如实填写完成的工作（内容较多及需详细展开的工作，可在补充工作表中填写），作为实习记录和以后教师考核学生实习效果的依据。

7.1 建筑工程测量方向工作流程图

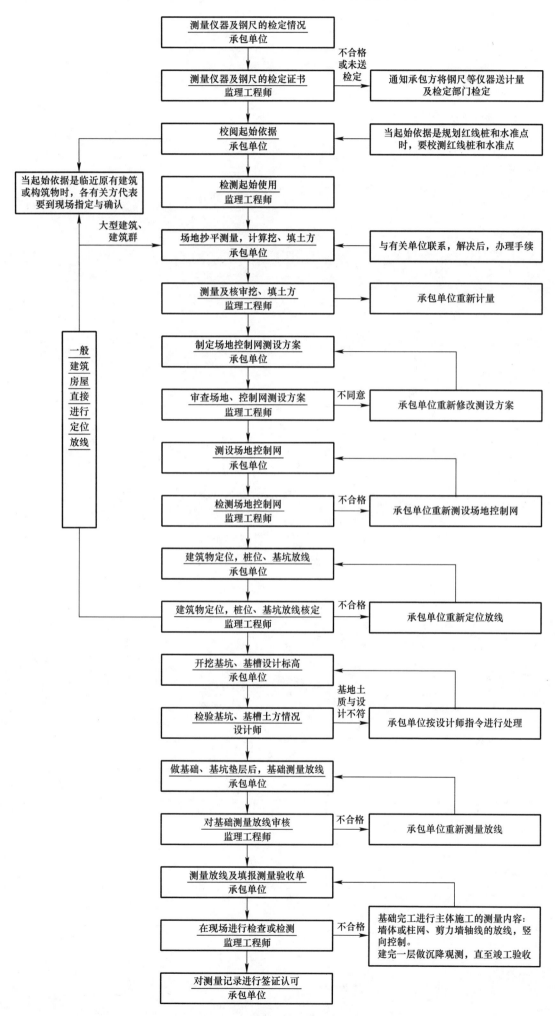

图 7-1 建筑工程测量方向工作流程图

7.2 建筑工程测量方向顶岗实习工作过程

7.2.1 顶岗实习情况简介及工作过程目录（表7-1）

表 7-1

建筑工程测量方向顶岗实习情况简介
建筑工程测量方向顶岗实习 项目名称：_____ 项目地点：_____ 实习时间：_____ 实习 人：_____ 班 级：_____ 校内指导教师：_____ 企业导师：_____
建筑工程测量方向工作过程目录
阶段一 施工前准备阶段 阶段二 施工阶段 阶段三 竣工阶段

7.2.2 建筑工程测量方向工作过程表

阶段一 施工前准备阶段工作表 表 7-2

开始日期： 结束日期：

应完成工作内容	实际完成工作内容
（1）识读图纸 在总说明图上了解设计高程，各轴线关系，场区布置等。 （2）熟悉仪器 了解所在工地所使用的测量仪器的型号、精度等。 所用仪器及工具：全站仪、经纬仪、水准仪、激光垂准仪、钢卷尺、盒尺等。 （3）测量控制桩 认真校核甲方给定的控制桩、水准点并布置现场控制桩点	

应完成工作内容	实际完成工作内容
（4）了解现场 与图纸对照明确高程控制点，坐标控制点位置。 （5）了解建筑红线 了解建筑红线位置，定位方法。 （6）场区控制 采用何种方法进行控制（建筑方格网、建筑基线等）。 （7）基坑边坡的沉降、位移观测 了解观测方法及观测点的选择	

阶段一　施工前准备阶段补充工作表

表 7-3

开始日期：	结束日期：
实际完成工作内容	

阶段二　施工阶段工作表　　　　　　　　　　　　　表 7-4

开始日期：　　　　　　　　　结束日期：

应完成工作内容	实际完成工作内容
（1）定位 确定建筑物主轴线点采用何种方式定位（例如：极坐标法、直角坐标法等）。 （2）建筑物定位的具体步骤。 （3）平面控制网及高程控制网布置的方法及技术要求	
（4）根据施工图纸确定开挖边线，以及开挖边线的表现形式	
（5）确定基础阶段的轴线测设及高程传递的方法。 （6）调校所使用的仪器	

续表

应完成工作内容	实际完成工作内容
（7）主体阶段的平面测量及高程控制方法以及控制点的布设。如：根据图纸几何形状布置平面控制网如矩形、三角形，控制网点不得少于2点。 （8）主体施工±0.000的测设方法及高程传递方法、层高控制方法及仪器使用	
（9）主体结构施工阶段轴线点的传递方法（外控法、内控法）。 （10）关于主体结构垂直控制的方法	
（11）关于放线 1）所使用的仪器设备； 2）放线方案设计； 3）放线所需达到的精度； 4）放主体线和二次结构线的区别； 5）验线步骤	

阶段二　施工阶段补充工作表　　　　　　　　　　　　　表 7-5

开始日期：	结束日期：
实际完成工作内容	

阶段三 竣工阶段工作表 表 7-6

开始日期： 结束日期：

应完成工作内容	实际完成工作内容
（1）对建筑物总高度及垂直度进行观测，确定数据是否在规范允许偏差范围内。 （2）测量资料的管理及记录	
企业导师签字： 日　　　期：	学校指导教师签字： 日　　　期：
成　绩	

实习效果评价体系

  实习效果评价由企业、学校、学生三方共同完成。学生在顶岗实习过程中，充分发挥自身主体作用，通过分析实习岗位任务、制定和实施实习计划、经由企业导师和学校教师的评价获得及时反馈，在纠偏中不断提升实习效果。

  实习效果评价既应有基于实践工作任务操作过程的评价，又有针对实习项目结果的评价，同时还应考虑学生感性习得三方面因素。学校在进行标准化评分设计时应按符合正态分布要求综合考量，最终确定学生的实习分数标准。

8.1 实习效果评价

实习效果评价由四部分组成，分别是实习岗位任务分析、实际完成工作内容记录、阶段实习任务考查以及实习任务综合考核，具体分值、考核内容见表 8-1。

实习效果评价 表 8-1

	实习岗位任务分析	实际完成工作内容记录	阶段实习任务考查	实习任务综合考核
考核主体	学校	企业、学生	学校	学校、企业、学生
所占分值	10 分	30 分	10 分	50 分
考核内容	对所在实习岗位的任务分析情况	对实际完成工作内容的记录情况	对已完成的实习任务进行阶段性考查	实习结束后的综合考核评价

具体的实习效果评价如下：

8.1.1 实习岗位任务分析

学生填写个人基本信息、企业基本信息。在实习的过程中了解工作岗位任务，进行工作岗位分析。本阶段由学校考查，满分 10 分，考查学生的填写情况是否完整完成，所完成项目是否符合实际工作情况，酌情给分，见表 8-2。

学生实习岗位任务分析 表 8-2

班　级		姓　名		学　号	
实习单位					
实习单位情况分析	包括企业性质、主营业务、从业人数、企业文化、对员工要求等				
实习岗位	填写实习岗位名称				
岗位任务	填写实习岗位任务				
实习岗位任务分析	工作过程	该任务的工作过程有什么要求和特点、如何接受与交付工作任务			
	工作岗位	被分配的工作岗位相关情况，专业要求及相关活动			
	工作对象	工作任务的内容，如技术产品或过程、服务、文件整理和程序控制等；工作过程中的角色如何（操作运行还是维修设备）			
	工具	完成岗位任务需要用到哪些设备设施、文献材料和器材（如计算机和维修手册），这些工具器材的使用标准与要求			
	工作方法	完成工作任务的应用条件和具体流程			
	劳动组织	岗位工作是如何安排的（是独立工作、小组工作还是部门工作）；哪些级别对工作有影响？与其他职业或部门的合作及分界；需要同事有哪些能力共同发挥作用			
	对工作的要求	企业、服务对象对于完成该岗位任务的要求；要注意的法律法规、行业标准			
	职业资格标准	国家、行业和企业对职业资格标准要求有哪些			
	其他	补充项			
成绩评定	此处由学校填写，满分 10 分，考查学生的填写情况是否完整完成，所完成项目是否符合实际工作情况				

8.1.2 实习任务跟踪

学生根据岗位任务分析，为自己的实习任务确定方向。在实习过程中，对任务完成情况进行跟踪记录，即工作过程表中的实际完成工作内容部分，在每部分工作任务完成之后应由企业导师和学校指导教师签字确认。本阶段由学校考查，满分 10 分，考查学生的填写情况是否完整，所完成项目是否符合实际工作情况，是否有企业导师签字，酌情给分，见表 8-3。

学生实际完成工作内容记录 表 8-3

开始日期： 结束日期：

应完成的工作内容	实际完成工作内容（由学生填写）	
	应填写内容为： 1. 实习任务完成情况 参考手册内容把实习任务按工作流程分解成阶段性的子任务，此处详细记录子任务的完成情况，或按知识与技能、学习与工作方法、交流与沟通等任务分别记录。 2. 企业跟踪记录 在学生实习期间，企业指导老师给予的指导。此处由学生在接受每一次指导后自行填写，写清指导时间、指导内容。 在交表时由企业指导教师签字认可。 3. 学校实习指导教师跟踪记录 在学生实习期间，学校指导老师给予的指导。此处由学生在接受每一次指导后自行填写，写清指导时间、指导内容。 在交表时由学校指导教师签字认可。 4. 自我评价和总结 写清自己得到指导教师指导后行动的改变，具体任务的完成情况和心得体会	
	企业导师签字： 日期：	学校指导教师签字： 日期：
成　　绩 （此处由学校填写）	由学校考查，满分 10 分，考查学生的填写情况是否完整完成，是否有企业导师签字，所完成项目是否符合实际工作情况，酌情给分	

8.1.3　阶段实习任务考查

对已完成的实习任务进行阶段性考查，主要考查内容为实习时间、表现是否符合岗位要求，以及学生职业素养状况。本阶段考查由实习企业完成。考查按任务阶段进行，最后分数可取各阶段任务平均分（四舍五入，取整数位），满分 30 分。考查工作效率、熟练程度、职业素养三项，每项 10 分，由企业导师酌情给出。工作效率是指工作是否按时完成；熟练程度是指工作完成情况是否符合单位一般水平；职业素养是指良好实习心态、服从工作安排、虚心好学、爱岗敬业、吃苦耐劳、团结互助、以集体利益为重等，见表 8-4。

学生实习任务跟踪记录 表 8-4

考查期间：___年___月___日至___年___月___日，共计___个月

实习任务	任务完成考核指标及评价（共计30分）			成绩
	工作效率 （10分）	熟练程度 （10分）	职业素养 （10分）	
任务一 （此处填具体任务内容）				
任务二 （此处填具体任务内容）				
任务三 （此处填具体任务内容）				
……				
企业导师签字： 日期：		阶段任务成绩 （此处由学校填写）		

8.1.4 实习任务综合考查

学生实习结束,学校组织对学生的实习工作任务进行综合考查。综合考查应在模拟工作情境(学校实训中心或能反映实习工作任务的情境)中由学生实际操作实习工作任务。综合考查满分50分,其中企业专家考查占30分、学校实习指导教师考查占15分,自我评价占5分。企业专家和学校实习指导教师针对工作过程完成情况和技能是否达到标准进行现场评价。综合考查应尽量反映实习期间所有工作任务,也可选取极具代表性的一个或几个典型工作任务,最后取各任务平均分(四舍五入,取整数位)。具体评价指标见表8-5。

实习任务综合考查表   表8-5

姓名		实习单位		实习岗位	

实习时间	___年___月___日至___年___月___日,共计___个月

考核岗位工作任务_____(任务需对应顶岗实习手册流程部分)
任务流程说明:参照顶岗实习手册工作任务流程部分

评价指标			企业专家评价 (30分)	学校实习教师评价 (15分)	自我评价 (5分)
子任务一 (任务需对应 顶岗实习手册 流程部分)	工作过程评价	前期准备策划	5分	2分	
		具体操作实施	5分	2分	
		检查总结反思	5分	2分	
	技能综合评价	独立完成	3分	2分	
		熟练程度	3分	2分	
		规范程度	3分	2分	
		难易程度	3分	2分	
		其他:	3分	1分	
	合计				
	子任务一成绩				
子任务二 (任务需对应 顶岗实习手册 流程部分)	工作过程评价	前期准备策划	5分	2分	
		具体操作实施	5分	2分	
		检查总结反思	5分	2分	
	技能综合评价	独立完成	3分	2分	
		熟练程度	3分	2分	
		规范程度	3分	2分	
		难易程度	3分	2分	
		其他:	3分	1分	
	合计				
	子任务二成绩				
子任务三			……		
综合考查成绩					

企业专家签字: 学校指导教师签字:
日期: 年   月   日   日期: 年   月   日

成绩总评 (此处由学校填写)	工作任务 分析成绩	实际完成工作 内容成绩	阶段任务 成绩	综合考查 成绩	总成绩

8.2 实习效果评价示例

在学生顶岗实习过程中，实习效果评价应结合工程实际情况进行编制，下面是××学校的顶岗实习效果评价文件，仅供参考。

8.2.1 建筑工程施工方向

1. 岗位任务分析（表8-6）

学生实习岗位任务分析　　　　　　　　　　　　　　　　表 8-6

班　级	施工 13-1 班	姓名	张××	学号	16
实习单位	××省××建设集团有限公司第五分公司				
实习单位情况分析	××省××建设集团有限公司，拥有建筑工程施工和市政公用工程施工总承包一级资质；地基与基础、钢结构工程、建筑机电安装工程、建筑幕墙工程等 6 项专业承包一级资质和消防设施工程专业承包二级与设计乙级资质。公司现在册职工 138 人，其中：具有高级职称人员 17 人，中级职称人员 52 人；具备国家一级注册建造师资格 25 人，二级注册建造师资格 20 人等多名注册执业资格专业人才				
实习岗位	××市红旗小区一期工程施工员（助理）				
岗位任务	在项目经理领导下，深入施工现场，协助搞好施工监理工作，与施工队一起复核工程量，提供施工现场所需材料规格、型号和到场日期，做好现场材料的验收签证和管理，及时对隐蔽工程进行验收和工程量签证，协助项目经理做好工程的资料收集、保管和归档				
实习岗位任务分析	工作过程	接受项目经理分配任务，进行施工的组织、检查、签证等管理工作				
	工作岗位	助理岗位主要协助施工员工作，其具体工作由施工员安排（在具体的实习过程中，实习生尚无法承担岗位责任，因此实习岗位都采用了例如施工员助理、造价员助理这样的协助性岗位，但具体的岗位工作任务分析仍应按照施工员、造价员进行）				
	工作对象	1. 编制文明工地实施方案，根据本工程施工现场合理规划布局现场平面图，安排、实施、创建文明工地。 2. 编制工程总进度计划表和月进度计划表及各施工班组的月进度计划表。 3. 向各班组下达施工任务书及材料限额领料单。配合项目经理工作。督促施工材料、设备按时进场，并处于合格状态，确保工程顺利进行。 4. 参加工程竣工交验，负责工程完好保护。 5. 合理调配生产要素，严密组织施工确保工程进度和质量。 6. 组织隐蔽工程验收，参加分部分项工程的质量评定。 7. 参加图纸会审和工程进度计划的编制				
	工具	1. 图纸、建筑工程施工合同、施工相关法律法规。 2. 百格网、小锤子、靠尺、塞尺及安全用品等				
	工作方法	1. 熟悉施工工艺方法及施工现场的工程进度、质量、安全等方面的检查方法。 2. 出现问题的原因分析法、补救方法				
	劳动组织	对内：接受项目经理工作安排，向材料员领取材料及配件，跟技术员、测量员、预算员进行技术交底成本分析。 对外：与监理方、施工方多方沟通完成工作				
	对工作的要求	能进行熟练的工作沟通；了解施工工艺方法，能制定施工组织设计；能迅速分析施工过程中出现的问题并采取合理方式补救；会熟练使用工具和仪器；遵守操作规程与劳动纪律；详细、规范、及时地填写检查签证记录文件并存档；熟悉图纸，了解工程造价相关法律、行政法规				
	职业资格标准	施工员岗位需要具备施工员证书				
	其他	做事需严谨负责、客观、踏实、敬业；具有较强的责任心及高度的团队精神，有一定的人际沟通、协调、组织能力				
成绩评定	10 分				

2. 实习任务跟踪（表8-7）

学生实际完成工作内容记录 表8-7

时间： 2016 年 8 月 8 日至 2016 年 10 月 1 日

应完成的工作内容	实际完成工作内容（由学生填写）
地基与基础分部工程（地基、基础） 1. 搜集详细的工程质量、水文地质及地基基础的设计材料。 2. 根据结构类型、荷载大小及使用要求，结合地形地貌、土层结构、土质条件、地下水特征、周围环境和相邻建筑物等因素，初步选定几种可供考虑的地基处理方案	1. 实习任务完成情况 8月15日，接受施工员分配的任务，向施工员了解自己完成的这部分任务在整个工程中的情况。准备先熟悉图纸和施工组织设计，确定桩基的材料、机具、作业条件、施工工艺、质量标准。领取质量记录单。向施工方交代要点。 9月16日，主要完成钻机就位前的施工区域清理、找平，进行压实，和钻机钻孔时的钻杆紧固工作。 2. 企业指导教师跟踪记录 8月16日，企业指导教师提示施工组织中的问题：①雨季施工注意事项；②桩基可能会出现的问题和简单的处理方法；③在生石灰熟化时应在现场盯点。 9月20日，提示施工过程中如何处理CFG桩堵管的问题。 3. 学校实习指导教师跟踪记录 学校指导教师提供了灰土地基、水泥土桩、水泥粉煤灰碎石桩的施工方法，还让我了解长螺旋钻孔桩的施工工艺流程。 4. 自我评价和总结 自己在研究施工组织设计时无法从全局考虑，总是在小问题纠结，其实对于一个工程来说，短期利益应该为长期利益服务，小利益应该为大利益服务
	企业导师签字：　　　　　　　　　　学校指导教师签字： 日期：　　　　　　　　　　　　　　日期：
成绩（此处由学校填写）	9分

3. 阶段实习任务考查（表8-8）

学生实习任务跟踪记录 表8-8

考查期间： 2016 年 8 月 8 日至 2017 年 1 月 1 日，共计 5 个月

实习任务	任务完成考核指标及评价（共计30分）			成绩
	工作效率（10分）	熟练程度（10分）	职业素养（10分）	
任务一：进行人工地基处理施工	9分	8分	8分	25分
任务二：进行CFG桩的施工	7分	7分	7分	21分
任务三：夯实水泥土桩复合地基施工	9分	8分	7分	24分
……				
企业导师签字： 日期：		阶段任务成绩 （此处由学校填写）		23分

4. 实习任务综合考查（表8-9）

实习任务综合考查表 　　　表 8-9

姓名	张××	实习单位	××省××建设集团有限公司 第五分公司		实习岗位	施工员助理

| 实习时间 | 　2016　年　8　月　10　日至　2017　年　6　月　12　日，共计　10　个月 |

考核岗位工作任务：地基与基础分部工程（地基、基础）施工工作。

任务流程说明：

1. 搜集详细的工程质量、水文地质及地基基础的设计材料。

2. 根据结构类型、荷载大小及使用要求，结合地形地貌、土层结构、土质条件、地下水特征、周围环境和相邻建筑物等因素，初步选定几种可供考虑的地基处理方案。

3. 人工地基施工处理的：换填垫层、压实地基、夯实地基、水泥粉煤灰碎石桩复合地基（CFG 桩）、夯实水泥土桩复合地基、旋喷桩复合地基和土桩、灰土桩复合地基的施工工艺。

(1) CFG 桩的施工工艺过程：桩位放线→桩机就位→调整桩机垂直度→确定钻进深度标识→润湿泵管→成孔至设计标高→泵送 CFG 桩混合料至设计标高→清理桩间土→凿桩头→桩身质量检验→铺设褥垫层。

(2) 夯实水泥土桩复合地基：测放桩位→钻机就位→钻进成孔→至预定深度→验孔→合格→把拌好的水泥土分层回填、分层压实至成桩。

4. 基础施工工艺过程

(1) 钢筋混凝土柱下独立基础施工：验槽合格→施工准备（降低地下水位等）→混凝土垫层施工→抄平放线→绑钢筋→支基础模板→浇筑混凝土、振捣、养护→拆除模板→清理。

(2) 桩基础灌注桩施工：测定桩位→桩机就位→钻孔→清孔→制作、安放钢筋笼→检查成孔质量→合格后灌注混凝土

评价指标			企业导师评价 （30 分）	学校指导教师评价 （15 分）	自我评价 （5 分）
子任务一： 人工地基处理	工作过程 评价	前期准备策划	5 分	2 分	个人认为本部分工作完成符合施工规范要求
		具体操作实施	4 分	3 分	
		检查总结反思	3 分	2 分	
	技能综合 评价	独立完成	3 分	2 分	
		熟练程度	2 分	1 分	
		规范程度	2 分	2 分	
		难易程度	2 分	2 分	
		其他：	1 分	1 分	
	合计		22 分	15 分	5 分
	子任务一成绩		42 分		
子任务二： 基础施工	工作过程 评价	前期准备策划	5 分	2 分	我认为这部分工作在反思总结阶段做得有欠缺
		具体操作实施	4 分	3 分	
		检查总结反思	2 分	1 分	
	技能综合 评价	独立完成	3 分	2 分	
		熟练程度	2 分	1 分	
		规范程度	2 分	2 分	
		难易程度	2 分	2 分	
		其他：	1 分	1 分	
	合计		21 分	14 分	4 分
	子任务二成绩		39 分		
子任务三			……		
综合考查成绩			41 分		

企业导师签字：
日期：　　年　　月　　日

学校指导教师签字：
日期：　　年　　月　　日

成绩总评 （此处由学校填写）	工作任务分析 成绩	实际完成工作 内容成绩	阶段任务 成绩	综合考查 成绩	总成绩
	10 分	9 分	23 分	41 分	83 分

8.2.2 建筑工程造价方向

1. 岗位任务分析（表 8-10）

学生实习岗位任务分析 表 8-10

班 级	施工 13-1 班	姓名	张××	学号	16
实习单位	××省××造价咨询有限责任公司				
实习单位情况分析	××省××造价咨询有限责任公司是××省水利建设管理局下属企业，拥有建设工程招标代理甲级资质、中央投资项目招标代理乙级资质、工程咨询及造价咨询等资质。 主要经营范围有：工程招标代理、建设咨询、造价编制；工业与民用建筑、市政工程、公路、铁路、桥涵、民航等工程招标代理、造价咨询及建设咨询；与上述业务相关的人员培训				
实习岗位	××市红旗小区一期工程造价员助理岗位				
岗位任务	1. 协助造价员进行普通工业与民用建设项目建筑工程预算、结算的编制和审核工作； 2. 参与工程量计量，在他人指导下进行工程计价； 3. 协助造价员完成项目现场勘查工作； 4. 完成领导交办的其他工作				
实习岗位任务分析	工作过程	造价员岗位工作过程：接受项目负责人分配任务，进行清单的编制、复核、审核、审定工作，与业主沟通，最终提交清单终稿			
	工作岗位	助理岗位主要协助造价员工作，其具体工作由造价员安排（在具体的实习过程中，实习生尚无法承担岗位责任，因此采用了造价员助理这样的协助性岗位，但具体的岗位工作任务分析仍应按照造价员进行）			
	工作对象	根据图纸，使用广联达预算软件计取工程量和计算工程价格			
	工具	图纸、广联达软件、建筑 CAD 软件、清单计价规范、定额计价规范			
	工作方法	工程量、工程价的计算与核对			
	劳动组织	对内：与造价所项目负责人接洽，接受对方分配的任务，与同组其他造价员核对工程量和价格。 对外：与业主方、设计方、施工方、监理方多方沟通完成工作			
	对工作的要求	熟悉本地相关定额计价，清单计价办法；熟悉本地相关规费、取费费率；熟悉施工方案，可及时为施工项目报施工进度款。能够分析工程合同，能正确编制工程预、决算，面对甲方、监理方、审计等部门能进行熟练的工作沟通。能熟练地分析图纸使用正确计价方法进行取费；能迅速分析施工过程中出现的问题并采取合理方式补救；会熟练使用计算工具和广联达等计价软件；遵守操作规程与劳动纪律			
	职业资格标准	造价员岗位需要具备造价员职业资格			
	其他	做事需严谨负责、客观、踏实、敬业；具有较强的责任心及高度的团队精神，有一定的人际沟通、协调、组织能力			
成绩评定	10 分				

2. 实习任务跟踪 (表 8-11)

学生实际完成工作内容记录 表 8-11

时间：_2017_ 年 _3_ 月 _8_ 日至 _2017_ 年 _5_ 月 _1_ 日

应完成的工作内容	实际完成工作内容（由学生填写）
阶段二：最高限价（招标控制价）编制阶段。 ① 利用广联达、新奔腾等钢筋、图形计量软件计算出工程量； ② 利用广联达、新奔腾等计价软件编制招标清单	1. 实习任务完成情况 3 月 15 日，接受造价员分配给自己的任务，向造价员了解自己完成的这部分任务在整个工程中的情况。准备先熟悉图纸，然后逐步计算。 3 月 16 日，开始利用广联达软件进行工程量的计算。先把 CAD 图纸导入广联达软件中，把有问题的图纸手工绘制，审核图纸，开始从下往上一层层计算。 2. 企业指导教师跟踪记录 3 月 16 日企业指导教师解释图纸中的问题和施工组织设计问题，为何采用双层超高脚手架。 3 月 17 日在将 CAD 图纸导入广联达软件的过程中，负一层甬道无法显示，企业指导教师教了我怎样绘制弧度图形。 3. 学校实习指导教师跟踪记录 3 月 15 日学校指导教师提供了《招标投标法实施条例》，其中规定：招标文件中明确最高投标限价或者最高投标限价的计算方法。 3 月 20 日，学校指导教师让我看了《结构与识图》那门课的几个小微课。 4. 自我评价和总结 准备将任务分解，设定目标，逐一完成。计算速度很慢，尤其在钢筋计算的时候，抽筋不熟练
	企业导师签字： 日期： 学校指导教师签字： 日期：
成绩（此处由学校填写）	9 分

3. 阶段实习任务考查 (表 8-12)

学生实习任务跟踪记录 表 8-12

考查期间：_2017_ 年 _3_ 月 _8_ 日至 _2017_ 年 _7_ 月 _1_ 日

实习任务	任务完成考核指标及评价（共计 30 分）			成绩
	工作效率 （10 分）	熟练程度 （10 分）	职业素养 （10 分）	
任务一：利用广联达、新奔腾等钢筋、图形计量软件计算出工程量	9 分	8 分	8 分	25 分
任务二：进行 CFG 桩的施工利用广联达、新奔腾等计价软件编制招标清单	7 分	7 分	7 分	21 分
任务三： （此处填具体任务内容）				
······				
企业导师签字： 日期：		阶段任务成绩 （此处由学校填写）		23 分

4. 实习任务综合考查（表8-13）

实习任务综合考查表　　　　　　　　　　　　　　　　表 8-13

姓名	张××	实习单位	××省××造价咨询有限责任公司	实习岗位	造价员助理

实习时间	2016 年 9 月 10 日至 2017 年 年 6 月 30 日，共计 9 个月

考核岗位工作任务根据图纸等计算工程量、编制清单。
任务流程说明：参照顶岗实习手册工作任务流程部分。
(1) 利用广联达、新奔腾等钢筋、图形计量软件计算出工程量；
(2) 利用广联达、新奔腾等计价软件编制招标清单

评价指标			企业专家评价 （30分）	学校实习教师评价 （15分）	自我评价 （5分）
子任务一： 利用广联达、新奔腾等钢筋、图形计量软件计算出工程量	工作过程评价	前期准备策划	5分	2分	个人认为本部分工作完成符合施工规范要求
		具体操作实施	4分	3分	
		检查总结反思	3分	2分	
	技能综合评价	独立完成	3分	2分	
		熟练程度	2分	1分	
		规范程度	2分	2分	
		难易程度	2分	2分	
		其他：	1分	1分	
	合计		22分	15分	5分
	子任务一成绩		42分		
子任务二： 编制招标清单	工作过程评价	前期准备策划	5分	2分	我认为这部分工作在反思总结阶段做得有欠缺
		具体操作实施	4分	3分	
		检查总结反思	2分	1分	
	技能综合评价	独立完成	3分	2分	
		熟练程度	2分	1分	
		规范程度	2分	2分	
		难易程度	2分	2分	
		其他：	1分	1分	
	合计		21分	14分	4分
	子任务二成绩		39分		
子任务三			......		
综合考查成绩			41分		

企业导师签字：　　　　　　　　　　　　学校指导教师签字：
日期：　　年　　月　　日　　　　　　　日期：　　年　　月　　日

成绩总评 （此处由学校填写）	工作任务分析成绩	实际完成工作内容成绩	阶段任务成绩	综合考查成绩	总成绩
	10分	9分	23分	41分	83分

8.2.3 建筑工程监理方向

1. 岗位任务分析（表8-14）

学生实习岗位任务分析 表8-14

班　级	施工13-1班	姓名	张××	学号	16
实习单位	××省××建设集团有限公司第五分公司				
实习单位情况分析	××省××建设监理有限责任公司，是住房和城乡建设部审批的房屋建筑工程、市政公用工程、化工石油工程、机电安装工程四项甲级资质和电力工程乙级资质监理企业，已通过质量管理体系认证、环境管理体系认证和职业健康安全管理体系认证。公司注册资金1500万元，现有工程技术人员300多人。多年连续获得××市和××省先进监理单位、××市工程监理诚信企业、××省建设工程招标投标诚实守信5A级监理企业等荣誉称号				
实习岗位	××市红旗小区一期工程监理员（助理）				
岗位任务	负责工程项目的工作规范性和工程质量的监理，履行公司内部监理职责；严格执行工程项目监理工作流程，监督工程项目各项工作按工作流程完成，参与对施工组织设计文件的评审				
实习岗位任务分析	工作过程	接受监理工程师分配任务，进行施工现场的检查、记录、复核、签证等工作			
	工作岗位	助理岗位主要协助监理员工作，其具体工作由监理员安排（在具体的实习过程中，实习生尚无法承担岗位责任，因此实习岗位都采用了监理员助理、造价员助理这样的协助性岗位，但具体的岗位工作任务分析仍应按照施工员、造价员进行）			
	工作对象	检查承包单位投入工程项目的人力、材料、主要设备及其使用、运行状况，并做好检查记录；复核或从施工现场直接获取工程计量的有关数据并签署原始凭证；按设计图及有关标准，对承包单位的工艺过程或施工工序进行检查和记录，对加工制作及工序施工质量检查结果进行记录；进行旁站监理工作，并做好记录，发现问题及时指出并向专业监理工程师报告；做好监理日记，文件记录做到重点详细、及时完整			
	工具	1. 图纸、建筑工程施工合同、国家相关法律法规。 2. 检查需要的仪器工具：钢卷尺、直角尺、游标卡尺、垂直检测尺、楔形塞尺、百格网、检测镜、焊接检测尺、水电检测锤、响鼓锤、经纬仪、水准仪等			
	工作方法	熟悉施工工艺方法及施工现场的工程进度、质量、安全等方面的检查方法；熟悉监理记录的填写方法；熟悉监理工作流程及在监理过程中遇到各类问题的后续处理、汇报方法			
	劳动组织	对内：接受项目监理工程师的工作安排。 对外：与甲方、施工方、设计方、材料设备供应方多方沟通完成工作			
	对工作的要求	能进行熟练的工作沟通，熟悉图纸、了解施工工艺方法、施工组织设计，能迅速分析施工过程中出现的问题及监理记录汇报，会熟练使用工具和仪器；遵守操作规程与劳动纪律；详细、规范、及时地填写检查签证记录文件并存档			
	职业资格标准	监理员岗位需要具备监理员职业资格			
	其他	做事需严谨负责、客观、踏实、敬业；具有较强的责任心及高度的团队精神，有一定的人际沟通、协调、组织能力			
成绩评定	10分				

2. 实习任务跟踪（表8-15）

学生实际完成工作内容记录

表 8-15

时间：___2016___ 年 __8__ 月 __10__ 日至 ___2016___ 年 __10__ 月 __20__ 日

应完成的工作内容	实际完成工作内容（由学生填写）
阶段二：施工阶段的监理工作。 1. 参加地基与基础测量放线成果验收工作。 2. 按照总监理工程师或监理工程师的授权，对基础混凝土浇筑施工进行旁站监理。 3. 参加地基与基础验收工作。 4. 按照总监理工程师或监理工程师的授权，对基础回填土施工进行旁站监理。 5. 按照总监理工程师或监理工程师的授权，对基础防水工程施工进行旁站监理	1. 实习任务完成情况 8月15日，接受监理员分配的任务，先熟悉图纸和施工组织设计、熟悉图纸会审资料。熟悉所监理项目的合同条款及相关规范标准。 8月19日，参加地基与基础测量放线成果验收工作。 为后续要参与的基础混凝土浇筑旁站监理工作进行准备工作。 2. 企业指导教师跟踪记录 8月16日，企业指导教师把施工单位报送的施工技术方案申报材料详细解读，告诉我如何检查现场设备台账。 9月20日，在填写地基钎探记录表时企业指导教师提示探点布置及处理位置示意图相关事宜。 3. 学校实习指导教师跟踪记录 8月16日，让我把《建设工程监理规范》GB/T 50319—2013 重读一遍。 9月18日，让我对比巡视、平行检验、旁站、见证取样这几种监理方式的区别。 4. 自我评价和总结 在参与监理工作过程中，发现自己基础知识薄弱。监理工作是整个施工技术的大集合。后续我准备把施工技术相关知识再看一遍
	企业导师签字： 日期：　　　　　　　　　学校指导教师签字： 　　　　　　　　　　　　　日期：
成绩（此处由学校填写）	9分

3. 阶段实习任务考查（表 8-16）

学生实习任务跟踪记录

表 8-16

考查期间：___2016___ 年 __8__ 月 __8__ 日至 ___2017___ 年 __1__ 月 __1__ 日，共计 __4__ 个月

实习任务	任务完成考核指标及评价（共计30分）			成绩
	工作效率 （10分）	熟练程度 （10分）	职业素养 （10分）	
任务一：与工程施工进度同步完成××市红旗小区一期工程2号楼监理工作	9分	8分	8分	25分
任务二：				
任务三：				
......				
企业导师签字： 日期：		阶段任务成绩 （此处由学校填写）		25分

4. 实习任务综合考查（表 8-17）

实习任务综合考查表

表 8-17

姓名	张××	实习单位	××省××建设监理有限责任公司	实习岗位	监理员助理

实习时间　__2016__ 年 __8__ 月 __10__ 日至 __2017__ 年　年 __6__ 月 __12__ 日，共计 __10__ 个月

考核岗位工作任务与工程施工进度同步完成××红旗小区一期工程 2 号楼监理工作。
任务流程说明：参照顶岗实习手册工作任务流程部分。
1. 参加地基与基础测量放线成果验收工作。
2. 按照总监理工程师或监理工程师的授权，对基础混凝土浇筑施工进行旁站监理。
3. 参加地基与基础验收工作。
4. 按照总监理工程师或监理工程师的授权，对基础回填土施工进行旁站监理。
5. 按照总监理工程师或监理工程师的授权，对基础防水工程施工进行旁站监理

评价指标			企业专家评价（30分）	学校实习教师评价（15分）	自我评价（5分）
子任务一：地基与基础测量放线成果验收工作	工作过程评价	前期准备策划	5分	2分	个人认为本部分工作完成符合施工规范要求
		具体操作实施	4分	3分	
		检查总结反思	3分	2分	
	技能综合评价	独立完成	3分	2分	
		熟练程度	2分	1分	
		规范程度	2分	2分	
		难易程度	2分	2分	
		其他：	1分	1分	
	合计		22分	15分	5分
	子任务一成绩		42分		
子任务二：对基础混凝土浇筑施工进行旁站监理	工作过程评价	前期准备策划	5分	2分	我认为这部分工作在反思总结阶段做得有欠缺
		具体操作实施	4分	3分	
		检查总结反思	2分	1分	
	技能综合评价	独立完成	3分	2分	
		熟练程度	2分	1分	
		规范程度	2分	2分	
		难易程度	2分	2分	
		其他：	1分	1分	
	合计		21分	14分	4分
	子任务二成绩		39分		
子任务三			……		
综合考查成绩			41分		

企业导师签字：
日期：　年　月　日

学校实习教师签字：
日期：　年　月　日

成绩总评（此处由学校填写）	工作任务分析成绩	实际完成工作内容成绩	阶段任务成绩	综合考查成绩	总成绩
	10分	9分	25分	41分	85分

8.2.4 建筑工程资料整理方向

1. 岗位任务分析（表 8-18）

学生实习岗位任务分析　　　　　　　　　　　　　　　　　表 8-18

班　　级	施工 13-1 班	姓名	张××	学号	16
实习单位	××省××建设集团有限公司第五分公司				
实习单位 情况分析	××省××建设集团有限公司，拥有建筑工程施工和市政公用工程施工总承包一级资质；地基与基础、钢结构工程、建筑机电安装工程、建筑幕墙工程等 6 项专业承包一级资质和消防设施工程专业承包二级与设计乙级资质。公司现在册职工 138 人，其中：具有高级职称人员 17 人，中级职称人员 52 人；具备国家一级注册建造师资格 25 人，二级注册建造师资格 20 人等多名注册执业资格专业人才				
实习岗位	××市红旗小区一期工程资料员（助理）				
岗位任务	负责工程项目资料、图纸等档案的接收、清点、登记、发放、归档、收集管理工作。收集整理施工过程中所有技术变更、洽商记录、会议纪要等资料并归档。负责备案资料的填写、会签、整理、报送、归档。按时向公司档案室移交文件资料、工程资料。指导工程技术人员对施工技术资料（包括设备进场开箱资料）的保管。完成工程部经理交办的其他任务				
实习 岗位 任务 分析	工作过程	接受项目经理分配任务，进行资料的收集、整理、存档保管等管理工作			
	工作岗位	助理岗位主要协助资料员工作，其具体工作由资料员安排（在具体的实习过程中，实习生尚无法承担岗位责任，因此实习岗位采用了资料员助理这样的协助性岗位，但具体的岗位工作任务分析仍应按照资料员进行）			
	工作对象	1. 在收到工程图纸并进行登记以后，按规定向有关单位和人员签发，由收件方签字确认。 2. 收集整理施工过程中所有技术变更、洽商记录、会议纪要等资料并归档。 3. 负责备案资料的填写、会签、整理、报送、归档。 4. 检查施工资料的编制、管理，做到完整、及时，与工程进度同步。 5. 负责计划、统计的管理工作 6. 负责工程项目的后勤保障工作			
	工具	规范表格与办公设备、资料填写指南、质量验收规范			
	工作方法	工艺流程法、分部法、类别法、结合法			
	劳动组织	协助项目经理做好对外协调、接待工作；负责工程项目的内业管理工作；负责工程项目的后勤保障工作			
	对工作的 要求	具备建筑图纸的识图能力；熟悉建筑施工流程，从开工到竣工全过程施工流程要熟悉；手工整理资料的能力。熟悉资料整理归档规范、熟练掌握资料整理软件、熟练掌握隐蔽验收、分部验收、竣工验收的程序、熟悉资料整理的内容和流程			
	职业资格 标准	资料员资格证			
	其他	做事需严谨负责、客观、踏实、敬业；具有较强的责任心及高度的团队精神，有一定的人际沟通、协调、组织能力			
成绩 评定	10 分				

2. 实习任务跟踪（表 8-19）

学生实际完成工作内容记录 表 8-19

时间：___2016___ 年 _8_ 月 _1_ 日至 ___2016___ 年 _10_ 月 _20_ 日

应完成的工作内容	实际完成工作内容（由学生填写）
阶段二：基础施工阶段 1. 钢筋进场取样、送样（图纸上规定的各种规格钢筋）； 2. 土方开挖（土方开挖方案、技术交底，地基验槽记录、隐蔽检验批报验）； 3. 垫层、隐蔽工程、混凝土施工检验批及放线记录（放线预检，各层放线测量及复测记录、放线技术复核）	1. 实习任务完成情况 8 月 15 日，接受资料员分配的任务，先熟悉图纸和施工组织设计、熟悉图纸会审及基础施工之前的资料。 自制了土方开挖工程检验批工程报验单、土方开挖工程质量验收记录单、隐蔽工程验收记录单，准备先练习再正式填写。 8 月 19 日，练习填写地基验槽检验批的报验，填写了施工单位的申请表和地基钎探记录表。 2. 企业指导教师跟踪记录 8 月 16 日，企业指导教师详细地讲解了子项代表的涵义，让我跟检验部门的人先了解下检验的流程。 8 月 20 日，在填写地基钎探记录表时企业指导教师提示探点布置及处理位置示意图相关事宜。 3. 学校实习指导教师跟踪记录 8 月 17 日，学校指导教师提供了建筑工程技术资料的分类、组成及管理要求，让我尤其注意变更资料的整理。 8 月 19 日，学校指导教师让我规范填写资料的方法。特别是涉及工程款/进度款支付的填写事项。 4. 自我评价和总结 实地看着工程填写表格发现并没有在学校学习时那么吃力。但资料管理工作看着容易，其实跟施工技术、造价控制都有联系
	企业导师签字：　　　　　　　　　学校指导教师签字： 日期：　　　　　　　　　　　　　日期：
成绩（此处由学校填写）	9 分

3. 阶段实习任务考查（表 8-20）

学生实习任务跟踪记录 表 8-20

考查期间：___2016___ 年 _8_ 月 _1_ 日至 ___2017___ 年 _1_ 月 _1_ 日，共计 _5_ 个月

实习任务	任务完成考核指标及评价（共计 30 分）			成绩
	工作效率 （10 分）	熟练程度 （10 分）	职业素养 （10 分）	
任务一：钢筋进场取样、送样资料填写	9 分	8 分	8 分	25 分
任务二：土方开挖方案技术交底，地基验槽记录、隐蔽工程、检验批报验	7 分	7 分	7 分	21 分
任务三：放线预检，各层放线测量及复测记录	9 分	8 分	7 分	24 分
......				
企业导师签字： 日期：		阶段任务成绩 （此处由学校填写）		

4. 实习任务综合考查（表8-21）

		实习任务综合考查表			**表8-21**

姓名	张××	实习单位	××省××建设集团有限公司 第五分公司	实习岗位	资料员助理
实习时间		2016 年 8 月 1 日至 2017年 年 5 月 30 日，共计 9 个月			

考核岗位工作任务：基础施工阶段资料整理工作。
任务流程说明：参照顶岗实习手册工作任务流程部分。
1. 钢筋进场取样、送样（图纸上规定的各种规格钢筋）。
2. 土方开挖（土方开挖方案、技术交底，地基验槽记录、隐蔽工程、检验批报验）。
3. 垫层［隐蔽、混凝土施工检验批、放线记录（放线预检，各层放线测量及复测记录）、放线技术复核]。
4. 基础（钢筋原材料、检测报告报审，钢筋、模板、混凝土施工方案、技术交底，钢筋隐蔽、钢筋、模板检验批、放线记录、技术复核，混凝土隐蔽工程、混凝土施工检验批，标养、同条件和拆模试块）。
5. 基础砖墙（方案、技术交底，提前做砂浆配合比，隐蔽工程、检验批，砂浆试块）。
6. 模板拆除（拆模试块报告报审，隐蔽工程、检验批）。
7. 土方回填（方案、技术交底，隐蔽工程、检验批，土方密实度试验）。
8. 分部验收记录

评价指标			企业专家评价 （30分）	学校实习教师评价 （15分）	自我评价 （5分）
子任务一：土方工程检验批报验资料填写	工作过程评价	前期准备策划	5分	2分	个人认为本部分工作完成符合施工规范要求
		具体操作实施	4分	3分	
		检查总结反思	3分	2分	
	技能综合评价	独立完成	3分	2分	
		熟练程度	2分	1分	
		规范程度	2分	2分	
		难易程度	2分	2分	
		其他：	1分	1分	
	合计		22分	15分	5分
	子任务一成绩		42分		
子任务二：放线预检，各层放线测量及复测记录	工作过程评价	前期准备策划	5分	2分	我认为这部分工作在反思总结阶段做得有欠缺
		具体操作实施	4分	3分	
		检查总结反思	2分	1分	
	技能综合评价	独立完成	3分	2分	
		熟练程度	2分	1分	
		规范程度	2分	2分	
		难易程度	2分	2分	
		其他：	1分	1分	
	合计		21分	14分	4分
	子任务二成绩		39分		
子任务三			……		
综合考查成绩			41分		
企业专家签字： 日期： 年 月 日			学校实习教师签字： 日期： 年 月 日		
成绩总评 （此处由学校填写）	工作任务分析成绩	实际完成工作内容成绩	阶段任务成绩	综合考查成绩	总成绩
	10分	9分	23分	41分	83分

8.2.5 建筑工程测量方向

1. 岗位任务分析（表 8-22）

学生实习岗位任务分析 表 8-22

班 级		施工 13-1 班	姓名	张××	学号	16
实习单位		××省××建设集团有限公司第五分公司				
实习单位 情况分析		××省××建设集团有限公司，拥有建筑工程施工和市政公用工程施工总承包一级资质；地基与基础、钢结构工程、建筑机电安装工程、建筑幕墙工程等 6 项专业承包一级资质和消防设施工程专业承包二级与设计乙级资质。公司现在册职工 138 人，其中：具有高级职称人员 17 人，中级职称人员 52 人；具备国家一级注册建造师资格 25 人，二级注册建造师资格 20 人等多名注册执业资格专业人才				
实习岗位		××市红旗小区一期工程测量员（助理）				
岗位任务		在项目经理领导下，深入施工现场，协助施工员与施工队一起做好维护仪器设备、制定测量方案、定位、放线、参与验线、沉降观测记录、高程控制、竣工验收等工作				
实习岗位任务分析	工作过程	施工准备阶段、施工阶段、竣工验收阶段，根据施工组织设计，施工图纸和施工进度安排进行项目施工测量计算、复查并向技术、材料等部门提供数据				
	工作岗位	测量员助理（在具体的实习过程中，实习生尚无法承担岗位责任，因此实习岗位采用测量员助理这样的协助性岗位，但具体的岗位工作任务分析仍应按照测量员进行）				
	工作对象	进行施工现场的技术调查，对重点管线、地下设备等要有详细记录。核对发现数据与设计图纸不符时，及时向技术人员反馈，并提供准确数据。 对测量放样的各种原始数据记录精确无误，并保留，以备查检，编写导线点和水准点闭合记录				
	工具	1. 施工图纸、施工组织设计、相关技术规范。 2. 钢卷尺、直角尺、游标卡尺、垂直检测尺、楔形塞尺、百格网、检测镜、焊接检测尺、水电检测锤、响鼓槌、经纬仪、水准仪全站仪，测距仪等仪器的使用				
	工作方法	掌握各种测量仪器的性能特征、并熟练操作、维护、保养；熟悉施工工艺方法及施工现场的测量方法和数据要求				
	劳动组织	对内：接受项目经理的安排与施工员、测量员、资料员等协同工作。 对外：与监理单位、材料设备供应单位沟通完成工作				
	对工作的要求	1. 细心放样，自检后确保测量结果准确无误，对测量放样的各种原始数据记录精确无误，并保留，以备查检。 2. 及时提供准确测量数据，在每道工序报检之前及时通知编写施工资料、施工成本及取样送样试验，并提供准确的测量数据。 3. 对测量仪器定期常规检校，并保证仪器安放位置牢固可靠。 4. 编写导线点和水准点闭合记录				
	职业资格标准	测量员岗位需要具备中高级测量工资格				
	其他	做事需严谨负责、客观、踏实、敬业；具有较强的责任心及高度的团队精神，有一定的人际沟通、协调、组织能力				
成绩评定		10 分				

2. 实习任务跟踪（表 8-23）

学生实际完成工作内容记录   表 8-23

时间：___2016___年___8___月___8___日至___2016___年___10___月___20___日

应完成的工作内容	实际完成工作内容（由学生填写）	
阶段二：地基与基础分部工程（地基、基础） 1. 根据土方开挖方案，开挖前应放出基槽开挖上口线。 2. 开挖过程中应跟随开挖进度测控土方开挖标高、边坡坡度等。 3. 在地基钎探或地基处理完成后，项目总工组织设计、勘察、监理、甲方进行地基验槽。 4. 在基础垫层未做防水前，应根据主控轴线和基底平面图，对建筑物基地外轮廓线、集水坑、电梯井坑、垫层标高（高程）、基槽断面尺寸和坡度等进行抄测并填写基槽平面及标高实测记录	1. 实习任务完成情况 8 月 8 日，楼座定位：①对建设单位提供的工程测绘成果、工程控制桩及场地控制网进行复核；②测定工程的平面位置、主控轴线及±0.000 标高的绝对高程。 8 月 12 日，基槽开挖：①根据土方开挖方案，开挖前应放出基槽开挖上口线；②开挖过程中应跟随开挖进度测控土方开挖标高、边坡坡度等；③在地基钎探或地基处理完成后进行地基验槽。 8 月 30 日，基础放线：①在基础垫层未做防水前，根据主控轴线和基底平面图，对建筑物基地外轮廓线、集水坑、电梯井坑、垫层标高（高程）、基槽断面尺寸和坡度等进行抄测并填写基槽平面及标高实测记录；②对基槽平面及标高实测记录进行复核验线。 9 月 10 日，防水保护层：在基础垫层防水保护层上对墙柱轴线及边线、集水坑、电梯井边线的测量放线及标高实测。 9 月 15 日，地下室楼层放线：①在结构楼层上进行墙柱轴线及边线、门窗洞口线等测量放线，实测楼层标高及建筑物各大角双向垂直度偏差；②在本层结构实体完成后抄测本楼层+0.500m（或+1.000m）标高线。 10 月 25 日，首层楼层放线：①在结构楼层上进行墙柱轴线及边线、门窗洞口线等测量放线，实测楼层标高及建筑物各大角双向垂直度偏差；②在本层结构实体完成后抄测本楼层+0.500m（或+1.000m）标高线；③测量放线完毕检查后布置内控点。 10 月 15 日，基槽回填：按照技术交底控制分层回填。 2. 企业指导教师跟踪记录 8 月 9 日，施工组织中的问题：①对规划部门给的控制桩点进行闭合；②合理设置楼座控制线，引桩。 8 月 13 日，基坑坡度、开挖线控制、标高控制的问题。 9 月 3 日，企业指导教师提示：控制基槽下口线、控制集水坑、电梯井等复杂部位及控制槽底标高的方法。 9 月 10 日，企业指导教师指导：闭合控制线、结合结构及建筑施工图放线、标高控制。 3. 学校实习指导教师跟踪记录 学校指导教师提供了闭合、定位高程控制等测量方法，让我了解开挖边线、坡度等测量方法。 4. 自我评价和总结 自己在研究施工测量方案设计时无法考虑周全，无法应对现场复杂的施工环境	
	企业导师签字： 日期：	学校指导教师签字： 日期：
成绩（此处由学校填写）	9 分	

3. 阶段实习任务考查（表 8-24）

学生实习任务跟踪记录   表 8-24

考查期间：___2016___ 年 _8_ 月 _8_ 日至 _2017_ 年 _1_ 月 _1_ 日，共计 _5_ 个月

实习任务	任务完成考核指标及评价（共计30分）			成绩
	工作效率（10分）	熟练程度（10分）	职业素养（10分）	
任务一：根据土方开挖方案，开挖前应放出基槽开挖上口线	9分	8分	8分	25分
任务二：开挖过程中应跟随开挖进度测控土方开挖标高、边坡坡度	7分	7分	7分	21分
任务三：在地基钎探或地基处理完成后，项目总工组织设计、勘察、监理、甲方进行地基验槽	9分	8分	7分	24分
......				
企业导师签字： 日期：	阶段任务成绩 （此处由学校填写）			23分

4. 实习任务综合考查（表 8-25）

实习任务综合考查表   表 8-25

姓名	张××	实习单位	××省××建设集团有限公司第五分公司	实习岗位	测量员助理

实习时间	___2016___ 年 _8_ 月 _1_ 日至 _2017_ 年 _年_ 月 _30_ 日，共计 _9_ 个月

考核工作任务：_施工阶段测量工作_。
任务流程说明：
1. 定位。
2. 根据施工图纸确定开挖边线、平面测量及高程控制方法以及控制点的布设、高程传递方法、层高控制方法及仪器使用。
3. 正确放线取得测量数据。
4. 放线

评价指标			企业专家评价（30分）	学校实习教师评价（15分）	自我评价（5分）
子任务一：根据土方开挖方案，开挖前放出基槽开挖上口线	工作过程评价	前期准备策划	5分	2分	个人认为本部分工作完成符合施工规范要求
		具体操作实施	4分	3分	
		检查总结反思	3分	2分	
	技能综合评价	独立完成	3分	2分	
		熟练程度	2分	1分	
		规范程度	2分	2分	
		难易程度	2分	2分	
		其他：	1分	1分	
	合计		22分	15分	5分
	子任务一成绩		42分		

续表

评价指标			企业专家评价 （30分）	学校实习教师评价 （15分）	自我评价 （5分）
子任务二：测控土方开挖标高、边坡坡度	工作过程评价	前期准备策划	5分	2分	我认为这部分工作在反思总结阶段做得有欠缺
		具体操作实施	4分	3分	
		检查总结反思	2分	1分	
	技能综合评价	独立完成	3分	2分	
		熟练程度	2分	1分	
		规范程度	2分	2分	
		难易程度	2分	2分	
		其他：	1分	1分	
	合计		21分	14分	4分
	子任务二成绩		39分		
子任务三：			……		
综合考查成绩			41分		

企业专家签字：
日期：　年　月　日

学校指导教师签字：
日期：　年　月　日

成绩总评 （此处由学校填写）	工作任务分析成绩	实际完成工作内容成绩	阶段任务成绩	综合考查成绩	总成绩
	10分	9分	23分	41分	83分

附录 常用工作流程图

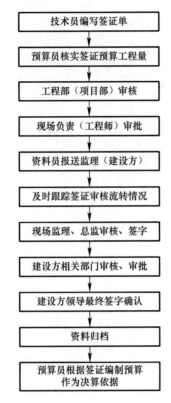

附图 1 工程签证流程图

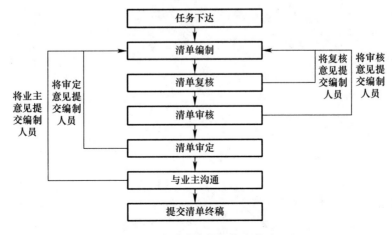

附图 2 清单编制内部流程图

参 考 文 献

[1] 中华人民共和国住房和城乡建设部. GB 50300—2013 建筑工程施工质量验收统一标准 [S]. 北京：中国建筑工业出版社，2014.

[2] 本书编委会. 建筑施工手册（第五版）[M]. 北京：中国建筑工业出版社，2012.

[3] 中华人民共和国住房和城乡建设部. GB/T 50319—2013 建设工程监理规范 [S]. 北京：中国建筑工业出版社，2014.